[设计文本示例 1]

斜纹色织格布设计

上机图:

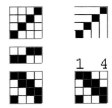

织物仿真模拟图:

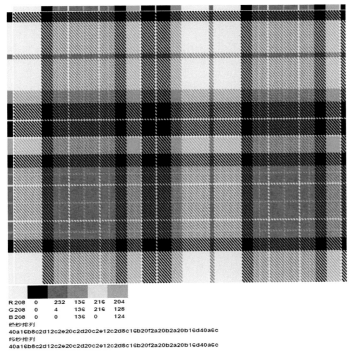

R 208　0　232　136　216　204
G 208　0　4　136　216　128
B 208　0　0　136　0　124
经纱排列
40a16b8c2d12c2e20c2d20c2e12c2d8c16b20f2a20b2a20b16d40a6c
纬纱排列
40a16b8c2d12c2e20c2d20c2e12c2d8c16b20f2a20b2a20b16d40a6c

系列配色织物:

彩条彩格色织物花型设计

1. 简单花型——规则排列

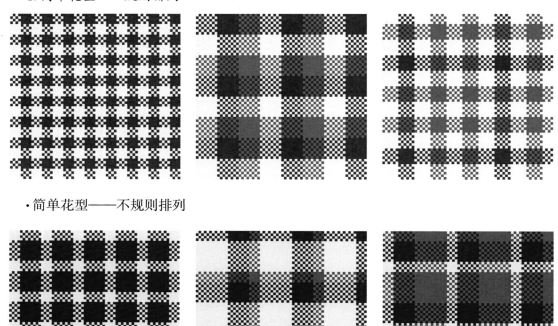

·简单花型——不规则排列

2. 复合花型

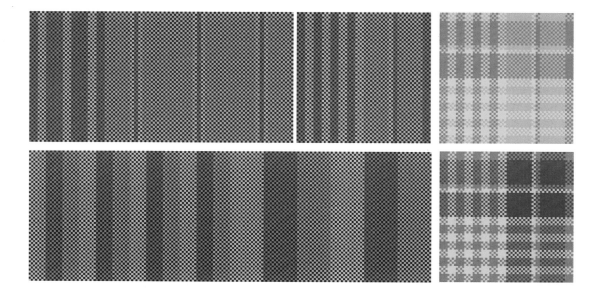

3. 交错花型

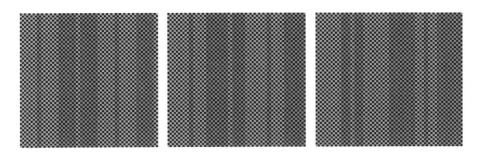

4. 渐变花型

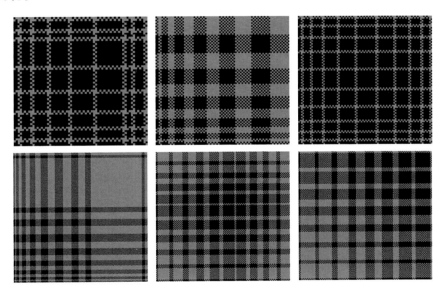

5. 配套花型

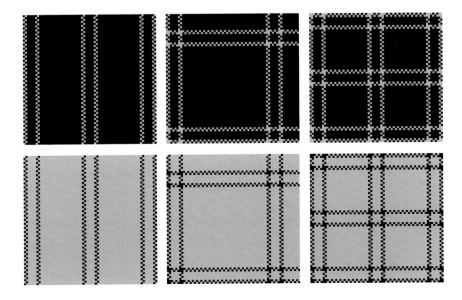

作品名称：情系中国结

设计说明：织物采用小花纹地经浮线起花，通过红、黄色纱交织体现黄地红花中国结图案。

上机图：

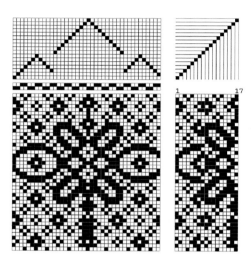

织物模拟图：

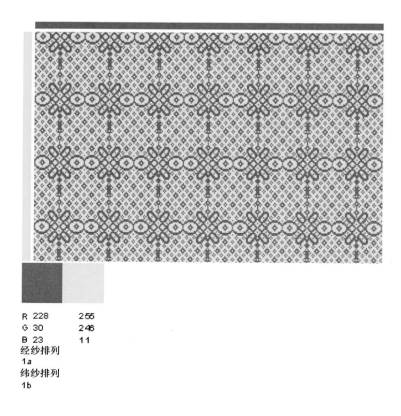

R 228   255
G 30   246
B 23   11
经纱排列
1a
纬纱排列
1b

配色模纹织物设计

组织图				
经纱排列	1a	4a4b	8a8b	16a16b
纬纱排列	1b	4a4b	8a8b	16a16b
配色模纹模拟图				
经纱排列	8（4a4b）4（12a12b）		8（8a8b）4（4a4b）	
纬纱排列	8（4a4b）4（12a12b）		8（8a8b）4（4a4b）	
配色模纹模拟图				

经起花色织物设计

上机图：

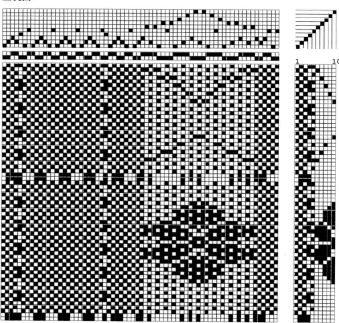

织物模拟图：

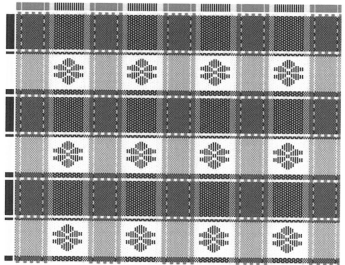

系列配色：

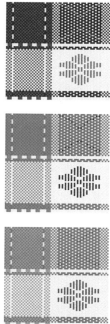

R16	14	255	18	221
G178	83	253	46	223
B200	157	222	156	228

经纱排列
4a1e20a1e4a5e14(1d1e)5e
纬纱排列
2c4b28c2b2c28b

作品名称：跳格子

上机图：　　　　　　　　　　　　　　　　　　　　　　　　　纹板输入信息：

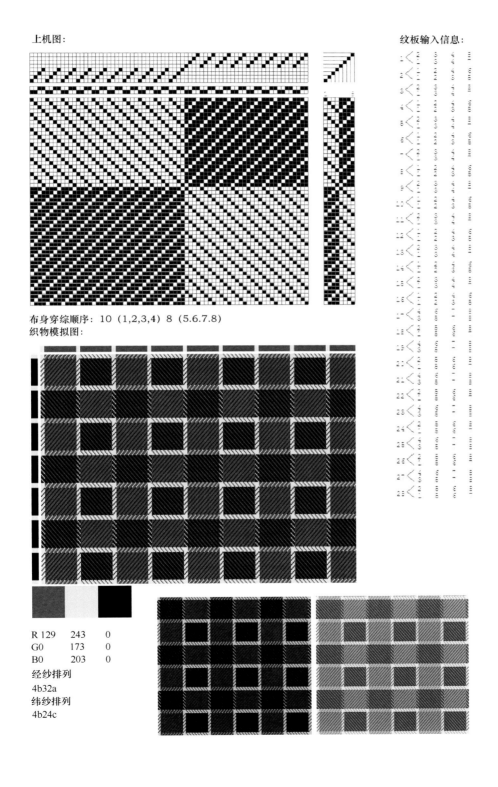

布身穿综顺序：10 (1,2,3,4) 8 (5.6.7.8)

织物模拟图：

R 129   243   0
G0   173   0
B0   203   0

经纱排列
4b32a
纬纱排列
4b24c

织物小样：

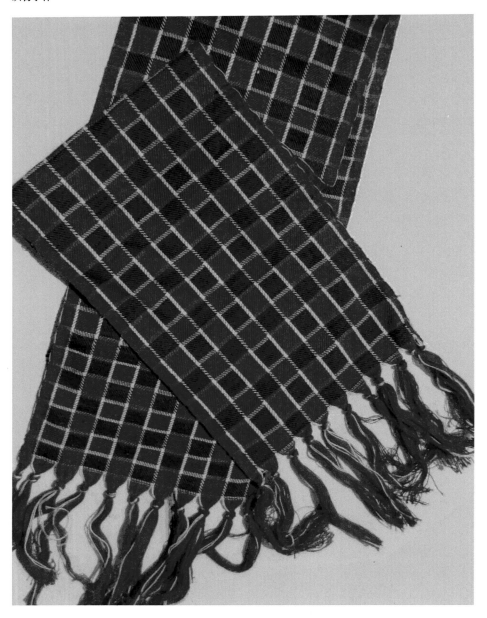

"十三五"职业教育部委级规划教材

织物设计与 CAD 应用

杜 群 编著

中国纺织出版社

内容提要

色织物和纹织物是两大典型织物类型，织物 CAD 是织物设计的重要内容。本书分"色织 CAD"和"纹织 CAD"两篇，介绍了应用 CAD 软件设计典型类型色织物和纹织物的方法，以及利用 CAD 设计工艺文件织制小提花和大提花织物小样的步骤与方法。

书中大量采用企业典型设计案例和织物图片，内容丰富，实用性强，是织物设计课程详实的实践指导教材，不仅可供纺织品设计、家纺设计、纺织品装饰艺术设计、现代纺织技术等专业学生使用，也可作为纺织面料设计师、家纺设计师及从事织物设计的相关人员的参考读物。

图书在版编目(CIP)数据

织物设计与CAD应用 / 杜群编著. —北京：中国纺织出版社，2016.9（2022.7重印）

"十三五"职业教育部委级规划教材

ISBN 978-7-5180-2580-0

Ⅰ.①织… Ⅱ.①杜… Ⅲ.①织物—计算机辅助设计—AutoCAD软件—高等职业教育—教材 Ⅳ.① TS105.1-39

中国版本图书馆CIP数据核字（2016）第087560号

策划编辑：孔会云　　责任编辑：王军锋　　特约编辑：符　芬
责任校对：楼旭红　　责任设计：何　建　　责任印制：何　建

中国纺织出版社出版发行
地址：北京市朝阳区百子湾东里A407号楼　邮政编码：100124
销售电话：010—67004422　　传真：010—87155801
http://www.c-textilep.com
中国纺织出版社天猫旗舰店
官方微博http://weibo.com / 2119887771
北京虎彩文化传播有限公司印刷　各地新华书店经销
2016年9月第1版　2022年7月第2次印刷
开本：787×1092　1/16　印张：12.5　插页：4
字数：230千字　　定价：52.00元

凡购本书，如有缺页、倒页、脱页，由本社图书营销中心调换

前　言

　　《织物设计与 CAD 应用》是"十三五"职业教育部委级规划教材，也是宁波市特色教材，是根据高职高专教育培养高素质技能型应用人才的特点，围绕织物设计职业岗位要求而编写的融理论与实践于一体的项目化教材。

　　织物 CAD（织物计算机辅助设计）是当前织物设计的重要手段，本教材依据典型织物类型和 CAD 软件类型，分"色织 CAD"和"纹织 CAD"上、下两篇。本教材以织物 CAD 为重点，设置了基于工作过程的应用 CAD 软件进行典型色织物和纹织物设计实训项目，并详细介绍了利用 CAD 设计的工艺文件进行小提花色织物和大提花织物小样织制的步骤与方法。具有以下几个特点。

　　1. 项目化的结构形式，具有新颖性。

　　教材以项目化的实训教程形式呈现，内容紧密结合"织物设计"相关职业岗位的工作要求，以常见典型类型织物的设计为项目单元，介绍该类织物的设计要点、CAD 设计步骤与技巧，通过设计实训，掌握应用 CAD 软件进行各类织物设计的方法。

　　2. CAD 应用与织物设计方法紧密结合，具有创新性。

　　教材彻底改变以往多数 CAD 教程"操作说明书"的内容和形式，而是以织物设计为目标，CAD 软件应用为手段，围绕不同类型的织物设计项目而展开。

　　3. 校企合作编写，具有实用性。

　　本教材由专业教师和企业专家合作编写，大量采用企业生产实例，课堂教学成果可以直接应用于生产，如织物纹板工艺文件输入织机可控制织机直接织制出设计的织物花型，具有实用性与生产可行性。因此，教材除了适用高职学生，同时也可用于相关设计人员的培训。

　　4. "教学做创"融为一体，具有开拓性。

　　注重学生设计能力的培养，将创新性设计要求作为课程的重要目标，将"教学做"一体延伸到"教学做创"一体。围绕每个典型织物类型，搜集大量织物实例，开拓学生设计视野，训练学生创新设计能力，使学生的设计不只是停留在模仿，培养学生可持续发展的创新设计能力。

　　5. "二维码"应用，具有开创性。

　　本教材除了结合设计实例图文并茂，还首次创新应用"二维码"技术，通过手机扫描"二维码"可即时呈现彩图或链接相关的软件应用操作视频。

　　本教材由浙江纺织服装职业技术学院专业教师，以及多家企业的技术专家共同编写完成。织物 CAD 软件应用部分主要以中国纺织科学研究院织物 CAD 软件系统和浙大恒天纺织科技有限公司纹织 CAD 软件系统为载体而编写，软件操作方法参考或部分采用夏尚淳主编的《织物组织 CAD 应用手册》和陈纯等主编的《纹织 CAD 应用手册》中内容。软件操作视频由浙江纺织服装职业技术学院杜群老师录制，小样织制视频由浙江纺织服装职业技术学院纺织实训中心提供。

本教材在编写过程中还得到了浙江洁丽雅集团有限公司、宁波维科人丰家纺有限公司、杭州同兴纺织科技有限公司、无锡太平洋纺织有限公司、无锡科闻纺织有限公司等大力支持与协助，并提供了大量宝贵的生产设计实例和图片；书中图片还有来自国内外家纺展会、中国国际家用纺织品设计大赛、全国纺织服装类高职院校学生面料设计大赛及浙江纺织服装职业技术学院祝永志、罗炳金等老师及部分学生提供案例与设计作品。在此对以上单位、部门及相关专家、老师和学生一并表示感谢！

由于作者水平有限，书中难免存在缺点和不足之处，恳请读者提出宝贵意见，以便再版时更正。

编者

2015 年 10 月

课程设置指导

课程设置意义 "织物设计"是《纺织面料设计师国家职业标准》和《家用纺织品设计师国家职业标准》中的典型职业岗位，也是纺织面料设计师、家用纺织品设计师的重要工作内容。织物 CAD（织物计算机辅助设计）是当前织物设计的重要手段，也必将在今后织物设计中发挥越来越大的作用。本课程以织物设计职业岗位工作能力培养为课程目标，以织物设计工作内容为项目内容，以织物设计岗位工作过程为教学线索，应用 CAD 软件进行典型色织物和纹织物设计项目实训。以典型工作任务为引领，指导学生在基于工作过程的项目训练过程中，掌握色织物和纹织物两大类型织物设计的内容和方法，锻炼提高织物设计的职业技能。课程充分体现职业性、实践性和生产性。

课程教学建议 本课程是纺织品设计、家纺设计、纺织品装饰艺术设计、现代纺织技术等专业的主干核心课程。建议在《纺织材料学》、《织物组织与分析》、《纹织工艺》、《纺织染整概论》等相关课程之后开设；授课 160 课时左右，教学内容包括本书全部章节。

课程教学目的 本课程的教学目标是为织物设计相关职业岗位培养具有必备的专业知识和实践技能、适应织物设计与工艺技术第一线需要的高素质技能型专门人才。通过本课程的学习，要求学生能够应用织物 CAD 软件进行典型类型色织物和纹织物的设计，能够根据 CAD 设计文件编制织物设计文本（或小样工艺单），并能运用织物小样机织制小提花和大提花织物小样。

目录

上篇　色织 CAD

下篇　纹织 CAD

上篇　色织 CAD

色织物指由染色纱线、色纺纱线或花色、花式纱线，结合组织结构变化，配合后整理工艺生产而成的织物。色织物是服装、服饰、家纺产品中应用广泛的一类典型织物。色织物的设计内容主要包括织物结构参数的设计（经纬纱线组合、花型与组织结构、经纬循环色纱排列）、配色的设计、织造上机及后整理工艺设计、色织 CAD、色织小样织制等。色织 CAD 是当今色织物设计的重要方法与手段。本篇主要讨论在多臂织机上生产的色织条格织物和小提花色织物的 CAD 设计应用。

计算机辅助设计又称 CAD（Computer Aided Design）。纺织品设计相关的专业 CAD 系统常用的有：用于印花分色制版的印花 CAD，用于针织产品设计的针织 CAD，用于电脑机绣制版的绣花 CAD，用于服装设计与制版的服装 CAD，用于织物设计的色织 CAD 和纹织 CAD，还有用于织物组织结构辅助分析的织物分析 CAD、计算机辅助织造工艺设计系统等。通过这些纺织 CAD 软件生成的设计与工艺文件，除了可设计出产品、模拟仿真效果，还可直接用于生产过程的控制。

本书以中国纺织科学研究院开发设计的主要用于多臂织物组织设计与色织物仿真模拟的设计系统为例，来介绍计算机辅助设计在多臂色织物设计与生产中的应用。

一、色织 CAD 软件概述

计算机技术在纺织领域的应用，大大推动了传统的纺织行业的发展与技术进步。计算机辅助设计应用于色织物设计与模拟，无需染纱、无需织制织物小样，即可通过色织 CAD 软件快速地获得色织物的模拟效果图，大大提高了织物设计的效率，降低了开发成本，缩短了新产品的开发周期，提高了企业的快速反应能力。

色织 CAD 软件系统一般用于在普通多臂织机上生产的色织物设计。设计人员通过软件系统输入织物组织、纱线排列和纱线种类等结构参数后，屏幕能即时显示织物的外观模拟效果，使织物在实际投入试样织造之前就能看到外观符合设计要求、经纬密度和实际完全一样的织物模拟图，具有很强的织物仿真模拟功能；还可随心所欲地对织物经纬纱线进行调色配色，对于改变参数、观察织物变化效果非常方便快捷，这大大缩短了设计时间，提高设计效率，给设计人员提供一个自由驰骋的空间，有利于开阔设计思路，并能在很大程度上代替织物小样机的手工打样工作。

二、色织 CAD 软件的基本组成与主要功能

色织 CAD 系统主要用于多臂色织物的开发设计与仿真模拟，主要由纱线设计、上机图设计、织物仿真模拟三个模块软件组成。

（1）纱线设计。可以设计、存储和读取单色纱、混纺纱、合股纱、竹节纱、段染纱、大肚纱、毛粒子纱等不同类型纱线，软件纱线库提供几百种常用的纱线。花式纱线设计如彩图 1-1 所示。

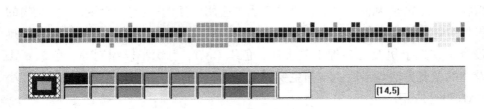

彩图 1-1　花式纱线设计

（2）上机图设计。可进行 400×400 循环以内的所有组织的设计、存储和读取；可自建组织库；提供多种穿综方法、多种组织图和纹板图的输入方法；可由纹板图输入穿综顺序自动生成组织图，由组织图自动穿综生成纹板图；软件组织库中提供了几百个常用的组织。上机图设计如图 1-2 所示。

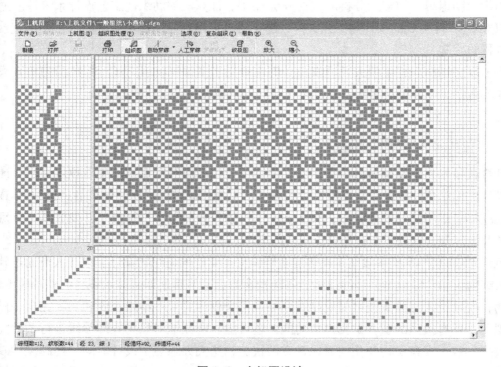

图 1-2　上机图设计

（3）织物仿真模拟。可模拟多臂色织物的外观，包括简单组织色织物及经二重、纬二重、

经起花、纬起花、双层等复杂组织色织物，还可模拟拉毛等处理后的织物效果。软件可以做到织物模拟图像的四个任意变化：纱线种类可以随意改变，色纱排列可以随意改变，组织循环可以随意改变，色纱颜色可以随意改变（有 RGB 和 HSL 两种调色方法），提供几百个织物仿真模拟数据文件。织物仿真模拟如彩图 1-3～彩图 1-5 所示。

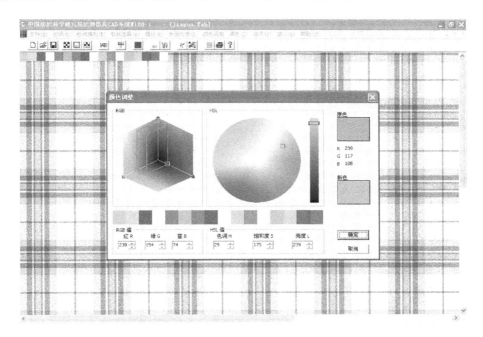

彩图 1-3　色织格子模拟图像与调色

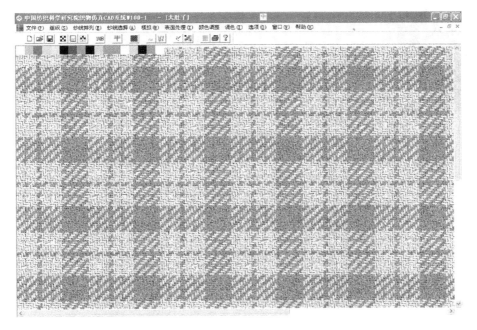

彩图 1-4　嵌入花式纱线的织物模拟图

（4）生成上机工艺文件。打印上机图、提综顺序、穿综顺序；打印与实物 1:1 花型和密度的织物模拟图像；打印经纬色纱排列；打印色卡。图 1-6 所示为纹板图、提综顺序和穿综顺序。

（5）可以自动输出小样机数据文件，并可与国内外一些自动及半自动小样机接口相连接。

（6）可以快速自由地生成包袱样，轻而易举地设计系列产品，如彩图 1-7 所示。

（7）可以对模拟的织物图像进行虚拟打印，通过网络发送给客户。

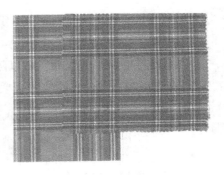

彩图 1-5 色织物仿真 CAD 系统的织物模拟纸样和实样对比

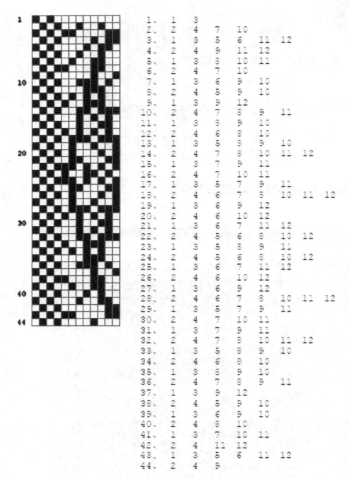

```
1、  1   3
2、  2   4   7   10
3、  1   3   5   6   11  12
4、  2   4   9   11  12
5、  1   3   10  11
6、  2   4   7   10
7、  1   3   6   9   10
8、  2   4   5   9   10
9、  1   3   9   12
10、 2   4   7   8   9   11
11、 1   3   8   9   10
12、 2   4   6   8   10
13、 1   3   5   9   10
14、 2   4   7   8   10  11  12
15、 1   3   7   9   11
16、 2   4   7   10  11
17、 1   3   5   7   9   11
18、 2   4   6   7   8   10  11  12
19、 1   3   6   9   12
20、 2   4   6   10  12
21、 1   3   6   7   11  12
22、 2   4   5   6   8   10  12
23、 1   3   5   8   9   11
24、 2   4   5   8   10  12
25、 1   3   6   7   11  12
26、 2   4   6   10  12
27、 1   3   6   9   12
28、 2   4   6   7   8   10  11  12
29、 1   3   5   7   9   11
30、 2   4   7   10  11
31、 1   3   7   9   11
32、 2   4   7   8   10  11  12
33、 1   3   5   8   9   10
34、 2   4   6   9   10
35、 1   3   8   9   10
36、 2   4   7   8   9   11
37、 1   3   9   12
38、 2   4   5   9   10
39、 1   3   6   9   10
40、 2   4   8   10
41、 1   3   7   10  11
42、 2   4   11  12
43、 1   3   5   6   11  12
44、 2   4   9
```

穿综顺序：
1,5,2,5,3,6,4,6,1,7,2,7,3,8,4,8,1,9,2,9,3,10,4,10,1,11,2,11,3,12,4,12,1,5,2,5,3,6,4,6,1,7,2,7,3,8,4,8,1,7,2,7,3,6,4,6,1,5,2,5,3,12,4,12,1,11,2,11,3,10,4,10,1,9,2,9,3,8,4,8,1,7,2,7,3,6,4,6,1,5,2,5 /共 92 根

图 1-6 纹板图、提综顺序和穿综顺序打印图

（8）可以模拟演示织物应用于服装、家纺的效果，如彩图1-8所示。

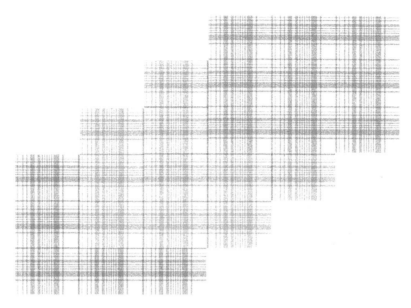

彩图1-7 系列配色织物

彩图1-8 织物应用效果模拟

三、色织 CAD 基本步骤

（1）纱线设计与保存　进入"纱线设计"软件系统，进行纱线设计，保存设计纱线文件 *.dam。

（2）上机图设计与保存　进入"上机图设计"软件系统，进行上机图设计，保存上机图文件 *.dgn。

（3）色织物设计与仿真模拟　进入"织物仿真 CAD"软件系统，进行色织物设计与仿真模拟，设计系列配色织物，保存织物模拟图文件 *.fab。

项目 1　色织 CAD 软件基本操作

[**项目任务**] 应用色织 CAD 软件进行上机图设计、织物模拟图设计，并编辑完成设计工艺文件。

[**知识目标**] 熟悉织物 CAD 软件系统的操作方法。

[**能力目标**] 能够运用色织 CAD 软件系统进行色织物设计。

模块 1-1　纱线设计

[**工作任务**] 读取或选用系统数据库中的纱线；运用"纱线设计"软件系统，进行纱线设计并保存。

[**设计指导**]

一、纱线设计

（1）进入软件界面。点击桌面菜单进入—程序—织物面料设计系统—纱线设计，如彩图 1-9 所示。

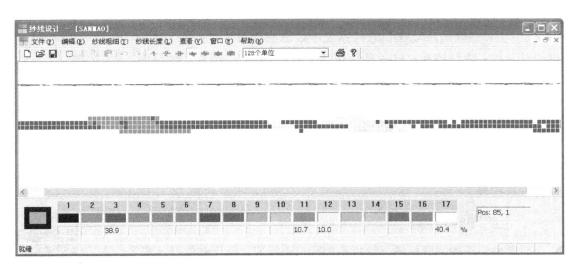

彩图 1-9　纱线设计界面

（2）点击菜单"纱线粗细"，选择纱线粗细的像素格，一般可选 1~7 点。

（3）纱线颜色设计。

①单色纱。右键点调色板色块，即填充纱线颜色。

②双色混色纱线。右键点调色板色块，填充纱线背景色；左键点调色板色块，画另一种颜色。

纱线设计时，用控制纤维在纱线中的走向来表示捻向，用控制纱线中不同颜色点的百分比来表示混纺纱线中不同色纤维的混纺比，描绘各种各样的纱线形状来表示各种花色纱线，如竹节纱、毛粒子纱和用于仿麻织物的粗细不匀的纱等。纱线设计方法结合织物模拟，可模拟出不同色纤维不同混纺比的混纺纱线织物的表面状态。

（4）保存纱线文件 *.dam。在软件系统中，已建立了纱线库文件夹"YARN"，存有数百种纱线。纱线库中纱线的命名规则：一般用三位数表示，第一位表示粗细值，第三位表示颜色号，中间位 0 表示单色纱、1 表示股线、4 表示是混纺纱。特殊的花式纱可以用特殊的符号表示，如用 Z 表示竹结纱，用 Q 表示毛结子纱，用 M 表示仿麻纱线等。设计人员可以自己设计不断地丰富纱线的种类，以满足设计工作的需要。

纱线库"YARN"中纱线代号表示：

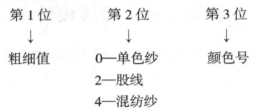

第1位	第2位	第3位
↓	↓	↓
粗细值	0—单色纱 2—股线 4—混纺纱	颜色号

二、纱线选用

（1）在"纱线设计"软件系统中读取或选用纱线：进入菜单"开始—程序—织物面料设计系统—纱线设计—文件—打开……"，读取"纱线库"中的纱线。

（2）在"织物仿真 CAD"软件系统中读取或选用纱线：进入菜单"开始—程序—织物面料设计系统—织物仿真 CAD—纱线选择—浏览……"，读取"纱线库"中的纱线。

模块 1-2　上机图设计

[工作任务]应用"上机图设计"软件进行上机图设计并保存上机图文件。

[设计指导]

一、上机图的布局

上机图由组织图、穿综图、纹板图和穿筘图组成。由于软件设计需要，本CAD 系统界面中的上机图布局与常规的上机图布局有所不同，如图 1-10 所示，但设计好后打印输出的上机图布局和常规上机图相同。

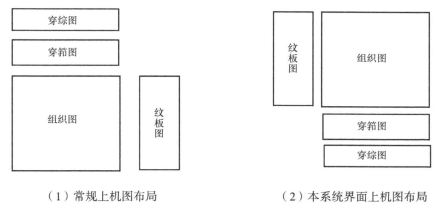

（1）常规上机图布局　　　　　　（2）本系统界面上机图布局

图 1-10　上机图布局

二、上机图的输入

上机图中，组织图、穿综图、纹板图三者已知其中两图，则第三图也就确定。本软件系统中生成上机图的方法有两种：一是输入组织图和穿综图生成纹板图；二是输入纹板图和穿综图或穿综方法生成组织图（适用于比较复杂的大型组织的输入），再输入完整穿筘图，就可形成上机图。

三、组织图的输入与处理

（一）组织点输入

进入菜单"上机图—组织图输入"，输入组织点，点击鼠标左键输入经组织点，点击右键去除经组织点即为纬组织点。

（二）组织图处理

1. 经插入 / 删除，纬插入 / 删除

（1）进入菜单"组织图处理—经插入 / 删除"，组织图区域出现"↑"，点左键—插入一根经纱；点右键—删除一根经纱。

（2）进入菜单"组织图处理—纬插入 / 删除"，组织图区域出现"←"，点左键—插入一根纬纱，点右键—删除一根纬纱。

2. 经复制 / 粘贴，纬复制 / 粘贴

（1）进入菜单"组织图处理—经复制 / 粘贴"，组织图区域出现"↑"，点左键—选中被复制经，到需要位置点右键，即完成了该经纱组织规律的复制。

（2）进入菜单"组织图处理—纬复制 / 粘贴"，组织图区域出现"←"，点左键—选中被复制纬，到需要位置点右键，即完成了该纬纱组织规律的复制。

3. 块复制 / 粘贴　进入菜单"组织图处理—块复制 / 粘贴"，组织图区域出现"＋"，

拖动左键到需要区域，点击左键，完成了块选择；到需复制位置，点击右键，即完成了选中区域组织规律的复制。

4. 块变换

（1）进入菜单"组织图处理—块复制/粘贴"，在组织图区域选择块区域。

（2）选择变换形式，如进入菜单"组织图处理—组织块变换—底片翻转"，在需要位置点击右键即可获得底片翻转后的"块区域"。

5. 清除组织图　进入菜单"组织图处理—清除组织图"，可清空组织图内容。

四、纹板图的输入与处理

（一）提综点输入

进入菜单"上机图—纹板图输入"，在纹板图区域点入纹板图规律：左键—提综点，右键—去除。

（二）纹板图处理

1. 综插入/删除（纹插入/删除）

（1）进入菜单"纹板图处理—综插入/删除"，纹板图区域出现"↑"，点击鼠标左键—插入一页综，点右键—删除一页综。

（2）进入菜单"纹板图处理—纹插入/删除"，纹板图区域出现"←"，点击鼠标左键—插入一块纹板，点右键—删除一块纹板。

2. 综复制/粘贴（纹复制/粘贴）

（1）进入菜单"纹板图处理—综复制/粘贴"，纹板图区域出现"↑"，点击鼠标左键，选中被复制综页，到需要位置点右键，即完成该综页提综规律的复制。

（2）进入菜单"纹板图处理—纹复制/粘贴"，纹板图区域出现"←"，点击鼠标左键，选中被复制纹板，到需要位置点右键，即完成该纹板规律的复制。

3. 纹板循环

（1）进入菜单"上机图—纹板图输入"。

（2）在纹板图区域内输入基础纹板，如 $\frac{2}{2}$ 斜纹。

（3）点击菜单"纹板图处理—成为基础纹板"。

（4）点击菜单"纹板图处理—纹板循环"，输入纹板排列数列，如 1、2、3、4、3、2、1。

4. 清除纹板图　点击菜单"纹板图处理—清除纹板图"，可清空纹板图内容。

五、穿综图的输入

进入菜单"上机图—穿综图输入—……"，下设子菜单。

（1）自动穿综。照图穿、顺穿、飞穿、分区穿、山形穿。

（2）人工穿综。在穿综图区域左键点入，右键取消。

（3）穿综顺序。数字输入穿综顺序，数字用"，"隔开。

（4）清除穿综图。

[**设计实训**] 运用上机图设计软件进行上机图设计，生成上机图文件，保存电子文档在文件夹：/上机图/……。

（1）运用上机图设计软件，根据组织图和穿综图（图1-11）求作纹板图，完成并保存上机图/1*.dgn。

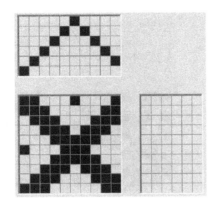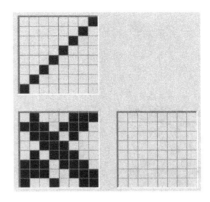

图 1-11 上机图图样一

操作要点：

①在"上机图设计"软件界面中输入组织图。

②输入穿综图。

③随即生成纹板图，完成并保存上机图。

④点击菜单"文件—打印—上机图"，打印输出上机图。

（2）运用上机图设计软件，根据纹板图和穿综方法求作组织图（图1-12），完成并保存上机图文件/2*.dgn。

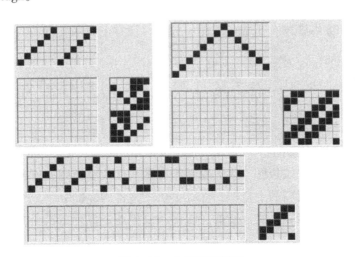

图 1-12 上机图图样二

操作要点：

①在"上机图设计"软件界面中输入纹板图。

②输入穿综图或穿综顺序。

③随即生成组织图，完成并保存上机图。

④点击菜单"文件—打印—上机图"，打印输出上机图。

（3）运用上机图设计软件，根据组织图和纹板图（图 1-13）求作穿综图，完成并保存上机图 /3*.dgn。

图 1-13　上机图图样三

操作要点：

①在"上机图设计"软件界面中输入组织图。

②输入纹板图。

③按经纱运动规律在穿综图区域"人工穿综"依次输入各经纱穿入综页位置，完成并保存上机图。

④点击菜单"文件—打印—上机图"，打印输出上机图。

（4）输入纹板图、穿综顺序，生成组织图，完成并保存上机图。

①已知纹板图和穿综顺序，生成组织图，完成并保存上机图文件。

a. 输入纹板图，如 $\frac{2}{2}\nearrow$。

b. 输入穿综顺序，如 2（1，2，3，4，1，2，4，3，2，1，4，3）2（1，1，3，3）。

c. 生成组织图。

d. 输入穿筘图。

e. 保存上机图文件：/41.dgn。

②穿综顺序不变，改变纹板图，生成新的组织图，保存上机图文件 /42.dgn。

③改变穿综顺序，生成新的上机图，保存上机图文件 /43.dgn。

④改变组织图，自动穿综，生成新的穿综图和纹板图，保存上机图文件 /44.dgn。

模块 1-3　色织 CAD 仿真模拟

[**工作任务**] 运用织物仿真 CAD 软件进行色织物及其系列配色织物的仿真模拟设计。要求每个设计织物保存一个文件夹，内容包括 *.dgn（上机图文件）、*.fab（模拟图文件）、*.doc（设计文本打印文件）。

[**设计指导**]

一、色织 CAD 仿真模拟操作步骤

1. 打开软件界面　进入菜单"开始—程序—织物面料设计系统—织物仿真 CAD"，或直接点击"织物仿真 CAD"软件图标，进入软件界面。

2. 读取或输入组织

方法 1：点击菜单栏"组织—读组织库"，双击选中组织后按"确定"键，读取组织库中的组织。

方法 2：点击菜单栏"组织—读上机图"，或打开工具条"读上机图"，读取已存储的上机图。

3. 输入色纱排列　点击菜单栏"纱线排列"，分别输入经纱—花色纱排列、纬纱—花色纱排列。字母 A ~ L 表示不同纱线，字母前数字表示该色纱线的根数。重复部分可用（ ）、［ ］、{}，最多可嵌套 3 层括号。如：2A2B12C4（1A2B）2A12C。

4. 纱线选用　点击菜单栏"纱线选择"，可输入 A–L12 种纱线。"浏览"可进入纱线库搜寻，选中后点击打开。系统默认 20209。

5. 织物模拟　点击菜单栏"织物模拟"，软件即时自动显示模拟效果。

6. 纱线调色、配色　点击菜单栏"颜色调整"，或点击工具条"颜色调整"，调整经纬色纱颜色。软件即时变化模拟效果，调整色彩到满意为止。

点击菜单栏"颜色自动变换"，或点击工具条"颜色自动变换"，可自动生成系列配色。选择满意配色效果，点击"停止"，保存。

7. 表面处理　点击菜单栏"表面处理"，或点击拉毛工具条，可获得起毛起绒等织物表面效果。

8. 保存织物模拟图　点击菜单栏"文件—保存"，可保存织物模拟图文件 *.fab。该文件只能在本软件系统中才能打开，具有局限性。

可将 *.fab 文件转换为位图文件，点击菜单栏"文件—输出位图文件"，保存 *.bmp 文件。这样，在通用软件平台也可显示和打印模拟图文件。

9. 设计系列配色　点击菜单栏"颜色自动变换"或点击"颜色自动变换"工具条，也可点颜色调整手动调节织物中各纱线颜色，确定理想的配色后保存配色织物模拟图文件。

设计人员在设计出一个新的组织花纹时，都可以配有几种色调的套色，在同一套色的系列产品中，组织不变，纱线排列不变，改变各种纱线的颜色即可获得不同的系列配色。在设

计同一套色的系列产品时，色彩的变化可以有很多种，例如仅改变其中的一个主色调，或改变一部分经纬纱线的颜色，或仅仅改变织物上的点缀色，或改变织物中所有纱线的颜色等。但是同一套色中织物的格型大小不能变，织物中各对应的位置（包括地色、花色和点缀色）色纱的明度、纯度都应相同，才属于同一套色，这是设计系列花色产品的一个规律。

10. 设计配套织物　色织物常用配套设计的方法有：条纹与格子配套；组织及色纱颜色不变，色纱排列改变（如配套大小格）；色纱颜色及排列不变，组织改变等。

11. 设计织物应用的三维效果图　"织物仿真 CAD"软件系统，读取设计织物文件 *.bmp，读取服装模特或家居空间模板文件，双击模拟部位，即可获得设计织物在模特或家居空间的应用效果。

12. 打印织物模拟图像　点击菜单栏"文件—打印选项"，输入经密纬密、打印宽度高度尺寸等参数后，即可预览或打印输出织物模拟图。

13. 编辑并打印输出设计文本　将以上设计文件信息编辑成 Word 文档，以便打印输出。内容主要包括上机图（*.dgn 文件）、织物模拟图（*.fab 文件）、系列配色等。

编辑 Word 设计文本参考步骤如下。

（1）上机图打印编辑。

①打开"上机图设计"软件。

②进入菜单"文件—打印上机图"，然后按屏幕复制键"PrintScreen"。

③粘贴到 Word 文档，并裁剪出上机图区域；调节上机图至适当尺寸。

（2）织物模拟图打印编辑。

①打开"织物仿真 CAD"软件。

②进入菜单"文件—打印选项"，调节适当的打印宽度和长度值，如宽度 100，长度 100（至少要显示一个以上完整的花型循环）。

③进入菜单"文件—打印预览"，按屏幕复制键"PrintScreen"。

④粘贴到 Word 文档，并裁剪、调节织物模拟图区域到适当尺寸（保证有完整的一花经纬纱排列信息显示）。

（3）系列配色织物模拟图打印编辑。可按（2）步骤，如只显示配色变化而其他参数信息不变，也可只简单插入局部的配色模拟图，点击"插入—来自文件（所有文件）……"，读取其他配色的模拟图文件 *.fab 后即可。

[设计示例] 设计斜纹色织格布，生成织物仿真模拟图，并编辑设计文本。

打开"织物仿真 CAD"软件系统，进入设计界面。

（1）输入组织。进入菜单"组织—读组织库"，打开组织库窗口（图 1-14），如采用2/2 左斜纹组织，找到组织库中相应组织，双击鼠标左键，按"确定"，即完成组织输入。

（2）输入纱线排列。点击菜单"纱线排列"（图 1-15），打开纱线排列对话框，将光标移到经纱输入的起始位置，输入经纱排列：40a16b8c2d12c2e20c2d20c2e12c2d8c16b20f2a20b2a20b16d40a6c。再输入纬纱排列，如果与经纱排列相同，可用复制/粘贴。单击"确定"按钮，关闭对话框。

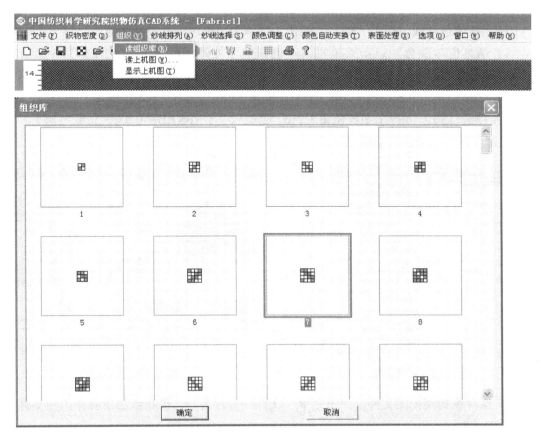

图 1-14　组织库窗口

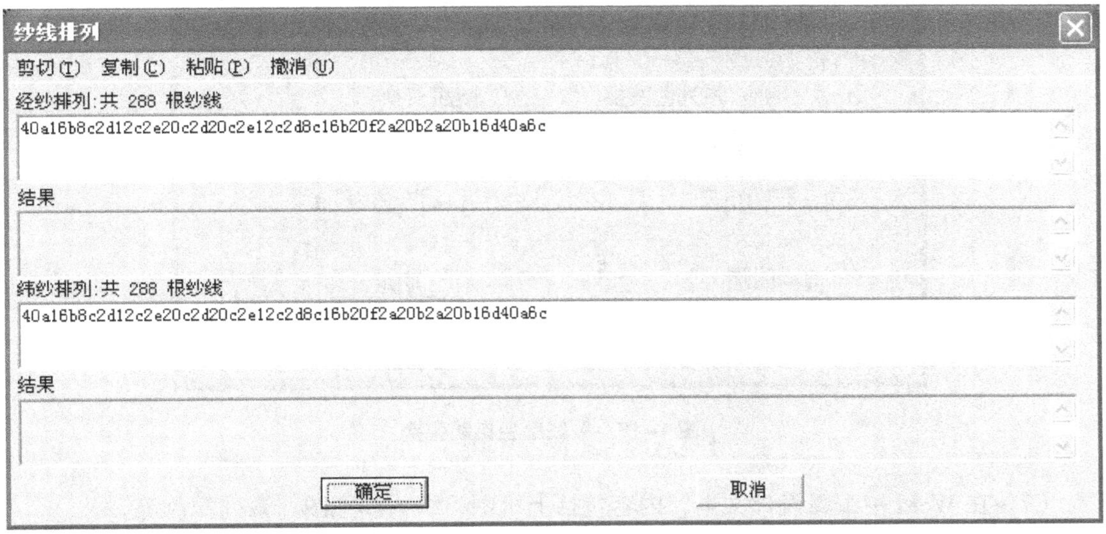

图 1-15　纱线排列

（3）选用纱线与调整颜色。点击菜单栏"纱线选择"，打开对话框（图 1-16），本例使用六种纱线，在纱线 A、B、C、D、E、F 后的纱线名栏里填入 101、102、103、104、105、106 六根单色纱线，单击"确定"按钮，屏幕随即出现织物模拟图像。

（4）调整色纱颜色。点击菜单栏"颜色调整"打开调色对话框（图 1-17），分别调整这六种单色纱线的颜色，即 1、2、3、4、5、6 号调色板的红绿蓝三原色的 RGB 值，如分别输入：101 RGB（208，208，208）；102 RGB（0，0，0，）；103 RGB（232，4，0）；104 RGB（136，136，136）；105 RGB（216，216，0）；106 RGB（204，128，124）。完成后按"确定"键关闭调色对话框。

图 1-16　纱线选择

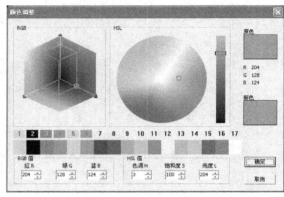

图 1-17　颜色调整

（5）保存织物模拟图文件。点击菜单"文件—另存为"，保存织物仿真模拟图文件：斜纹色织格布 .fab。

（6）调色生成系列配色（图 1-18），保存系列配色织物模拟文件。

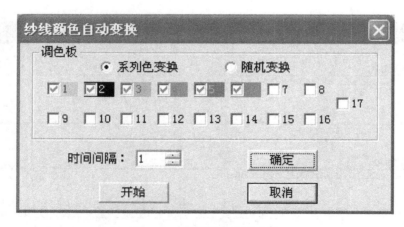

图 1-18　纱线颜色自动变换

（7）在 Word 中编辑设计文本，内容包括上机图、织物模拟图、系列配色等。

[**设计文本示例 1**] 斜纹色织格布设计，见彩页 1。

项目 2 彩条彩格色织物设计

[**项目任务**] 结合色纱排列常见规律与方法，应用色织 CAD 软件进行彩条彩格色织物条格花型设计。

[**知识目标**] 掌握色织物色纱排列设计的常见规律和方法。

[**能力目标**] 能够应用 CAD 软件模拟彩条彩格色织物来样，能够应用 CAD 软件进行彩条彩格色织物创新设计。

[**设计指导**]

这里彩条彩格色织物指经（纬）向由两种或两种以上色纱按照一定规律进行排列而形成彩色条（格）花型的色织物。

一、色纱排列设计的常见规律与方法

色织物花型是由经纬向色纱排列与组织配合而形成的，色纱排列的变化可以获得丰富多变的色彩与花型效果。下面以条型色织物为例说明色织物色纱排列的设计方法，格型色织物中的色纬排列设计方法类同。

1. 简单花型排列设计

（1）规则排列方式。各色条等宽或色纱根数相等，常用于细条格织物设计。例如：两种色纱间隔排列，如 4A4B；三种色纱间隔排列，如 8A8B8C；四种色纱间隔排列，如 6A6B6A6C6A6D。

（2）不规则排列方式。各色条不等宽或色纱根数不相等。例如：两种色纱间隔排列，如 4A8B；三种色纱间隔排列，如 12A8B4C。

2. 复合花型排列设计　将简单花型复合在一起得到复合花型，如 4（8A8B8C）、2（16A16B16C）、4（4b4a）12c2a2b12c。

3. 交错花型排列设计　两色先按简单花型排列，如 18A18B，然后在每个色条中分别抽出 2 根并相互交换插放到两色中央，形成（8A2B8A）（8B2A8B）；抽出纱线位置，可以是在中间的对称位置，也可变化为在不对称位置，如（10A2B6A）（10B2A6B）。两种以上色纱排列时，也可运用此变化方法，如（12A4C12A）（12B4D12B）。

4. 渐变花型排列设计　除了通过纱线色彩的过渡变化可以形成渐变花型外，通过色纱排列的变化也能够形成渐变效果。渐变花型可由一种或几种色纱的根数由少至多或由多至少逐渐变化形成，常用的渐变花型排列形式列举如下。

（1）两种色纱间隔排列，一种色纱根数固定不变，另一种色纱根数递增，如 2A2B4A2B6A2B8A2B10A2B12A2B。

（2）两种色纱间隔排列，并分别由少至多递增，如 2A2B4A4B6A6B8A8B10A10B12A12B。

（3）两种色纱间隔排列，一种色纱根数固定不变，另一种色纱根数由少至多递增再由多至少递减，如 2A2B4A2B6A2B8A2B10A2B12A2B10A2B8A2B6A2B4A2B。

（4）两种色纱间隔排列，并分别由少至多递增再由多至少递减，形成两种色纱双向的色彩渐变，如 2A2B4A4B6A6B8A8B10A10B12A12B10A10B8A8B6A6B4A48B。

（5）两种色纱间隔排列，一种色纱根数递增，另一种色纱根数递减，如 2A16B4A14B6A12B8A10B10A8B12A6B14A4B16A2B。

（6）两种色纱间隔排列，一种色纱根数由少至多递增再由多至少递减，另一种色纱根数由多至少递减再由少至多递增，形成两种色纱逆向的色彩渐变，如 2A12B4A10B6A8B8A6B10A4B12A2B10A4B8A6B6A8B4A10B。

类似方法，还可以由三种或多种色纱间隔排列，交替递增或递减，形成渐变花型。

纱线色彩与花型排列、组织适当配合可以形成更丰富变化的渐变效果，如彩图 2-1 所示渐变花型织物具有仿晕染的外观效果。

彩图 2-1　渐变花型产生仿晕染效果

在色纱排列基本规律的基础上，加以组合变化再配合组织应用，可形成变化无穷的色织条格花型图案。

二、色织物的系列化和配套化设计

在对一套家纺产品进行整体设计时，需要考虑所用织物的系列化和配套化。色织物的系列化和配套化设计可以从以下方面考虑。

1. 花型与色彩的配套设计

（1）色条与色格的配套 如图 2-2 所示，经向采用具有一定规律的色纱排列，纬向一色则形成色织条纹织物，纬向色纱按一定规律排列则形成色织格子织物，色条与色格形成配套织物。

（2）大小条格的配套。如床上四件套织物中，对于大尺寸的被套，可以设计采用大花围的色格花型；与之配套的枕套尺寸较小，可以设计采用缩小比例的类似花型。如图 2-3 所示。

（3）设计元素的配套应用。采用色彩与花纹设计元素的组合搭配应用，可使不同花型的色织物，或色织物与其他搭配使用的印花、提花、绣花织物形成配套，如彩图 2-4、彩图 2-5 所示。

(1) 色条

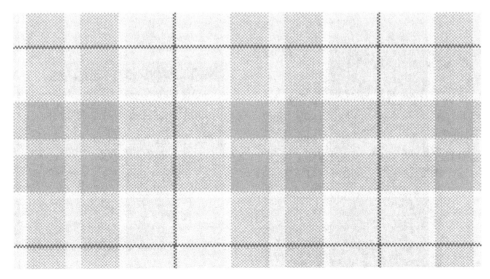

(2) 色格

图 2-2 色条与色格的配套

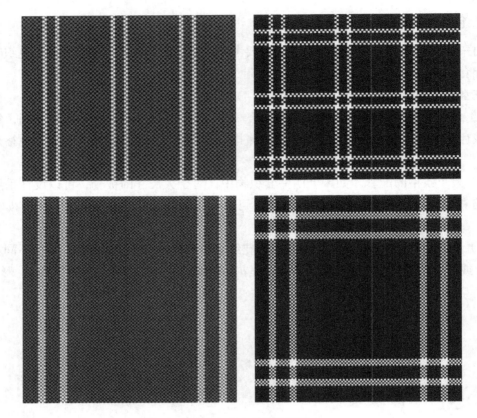

图 2-3　大小条格的配套

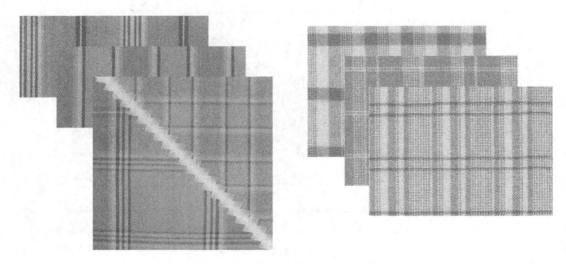

彩图 2-4　色织物花型的配套设计

彩图 2-5 家纺产品中的配套织物

（4）色彩的配套设计。
①同色条格的阴阳变化是常用的色织物配套设计方式，如图 2-6 所示。

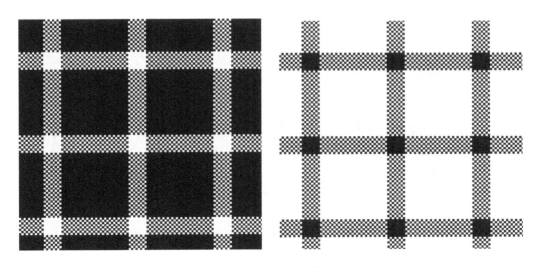

图 2-6 不同用色配套织物

②系列配色的设计。对于同一款式、同一花型的产品，不同的配色往往具有不同的风格，如彩图 2-7 所示。

彩图 2-7　系列配色织物

2. 组织结构与纹理的配套设计　花型不变，色纱排列不变，通过改变组织结构，可形成不同纹理效果的系列配套织物，如彩图 2-8 所示。

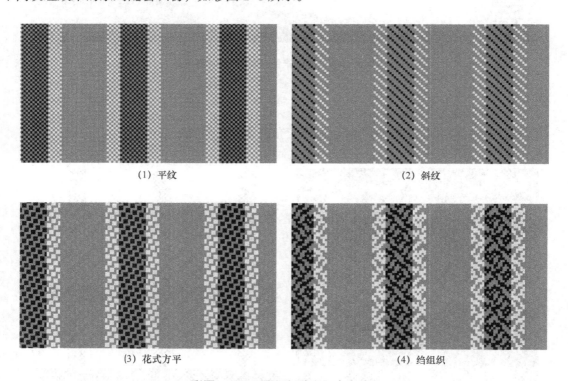

(1) 平纹　　　　　　　　　　　　　　(2) 斜纹

(3) 花式方平　　　　　　　　　　　　(4) 绉组织

彩图 2-8　不同组织纹理配套织物

3. 材质与后处理效果的配套设计　材质、原料不同，或采用不同的织物后处理工艺，会使织物具有不同的外观风格，从而形成配套织物，如彩图 2-9 所示。

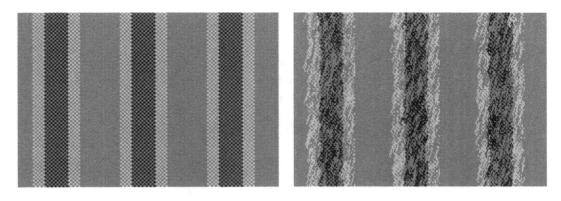

彩图 2-9 不同后处理织物具有不同外观风格

设计多款不同形式的系列配套产品，可以给不同爱好的消费者更多的选择，从而增加同款产品的销量。

[**设计示例**] 如彩图 2-10 所示，该系列配套色织物由四个配套花型组成，每个花型有 4 个配色方案。

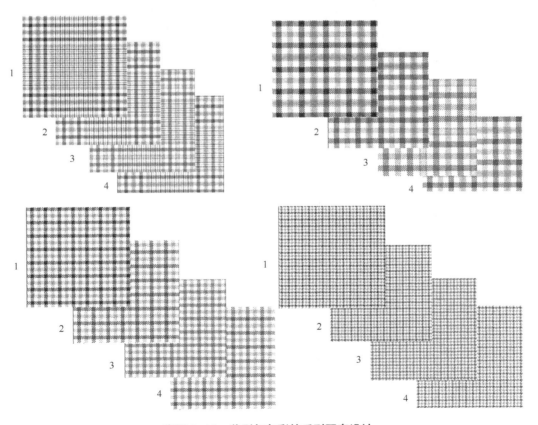

彩图 2-10 花型与色彩的系列配套设计

　　如彩图 2-11 所示，红、蓝两个色系的配套产品，每个色系产品又由多个配套花型织物构成，从而形成了丰富的具有良好整体效果的系列配套产品。

彩图 2-11　系列配套色织产品

　　[设计实训] 彩条彩格色织物花型设计

　　结合色纱排列设计方法，应用织物 CAD 软件进行彩条彩格色织物花型的设计，生成织物模拟图，要求设计具有系列感的配套花型，并将设计花型编辑成文本彩色打印输出。保存相关文件在文件夹：/ 彩条彩格织物花型设计 /……：

　　　/ 规则花型 /11.fab，12.fab，13.fab，……。

　　　/ 不规则花型 /21.fab，22.fab，23.fab，……。

　　　/ 复合花型 /31.fab，32.fab，33.fab，……。

　　　/ 交错花型 /41.fab，42.fab，43.fab，……。

　　　/ 渐变花型 /51.fab，52.fab，53.fab，54.fab，55.fab，56.fab……。

　　　/ 配套花型 /61.fab，62.fab，63.fab，……。

　　[作业选例 2] 彩条彩格色织物花型设计，见彩页 2 和彩页 3。

项目 3　平纹地小提花色织物设计

[**项目任务**] 结合平纹地小提花色织物的设计方法，应用织物仿真 CAD 软件设计平纹地小提花色织物。要求保存织物上机图、系列配色织物模拟图文件，并打印输出设计文本。

[**知识目标**] 掌握平纹地小提花色织物特点、设计要点和 CAD 设计应用方法。

[**能力目标**] 能够应用织物 CAD 软件模拟平纹地小提花色织物来样；能够应用 CAD 软件进行平纹地小提花色织物创新设计。

[**设计指导**]

一、平纹地小提花织物的特点与形成方法

1. 平纹地小提花织物特点　在平纹组织的基础上，根据一定的花纹图案，增加或减少组织点，使织物表面呈现小型花纹，称之为平纹地小提花。平纹地小提花织物的花纹多种多样，尽可根据想象设计丰富多彩、千变万化的花纹，如花式透孔、花式蜂巢其实也属于平纹地小提花织物的一种。

2. 平纹地小提花的形成方法

（1）平纹地基础上去掉部分经组织点，由纬浮线形成花纹，如图 3-1 所示。

（2）平纹地基础上增加部分经组织点，由经浮线形成花纹，如图 3-2 所示。

（3）平纹地基础上由经、纬浮线同时形成花纹，如图 3-3 所示。

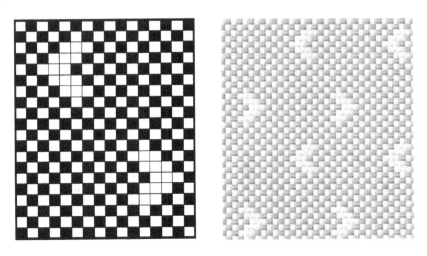

图 3-1　平纹地纬浮线小提花组织织物

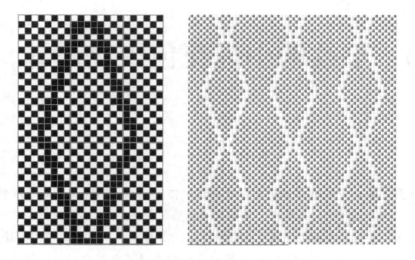

图 3-2　平纹地经浮线小提花组织织物

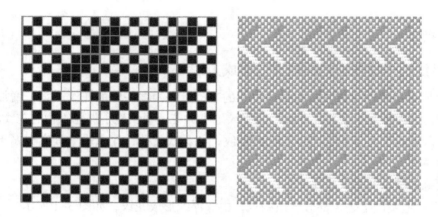

图 3-3　平纹地经纬浮线联合小提花组织织物

二、平纹地小提花织物设计方法

1. 平纹地小提花织物构图形式　平纹地小提花组织是多臂织物设计的一个大类，通常小花纹所采用的综片控制在 24 片以内。为了使花纹清晰、美观、丰满，常在平纹地上采用对比、对称的法则设计小花。根据小花纹在织物中的布局和所占面积，常见构图形式可归纳为 6 种（图 3-4）。

(1) 平行排列　　(2) 菱形排列　　(3) 直条排列　　(4) 横条排列　　(5) 散点排列　　(6) 满地排列

图 3-4　小花纹设计构图形式

（1）平行排列。平行排列是一种纵横对齐的排列形式，优点是设计结构简单，使用综片较少，在有限的综页数内花型变化可以复杂；缺点是排列过于齐整少变化，有时会显得呆板，而且花纹集中在同一直线和横线上，极易产生经向缩率不均和纬密不匀的弊病。为了克服这一弊病，通常可用加大花纹间距离的办法，使缩率不均和纬密不匀的弊病得到缓解。平行排列平纹地小提花织物如图 3-5 所示。

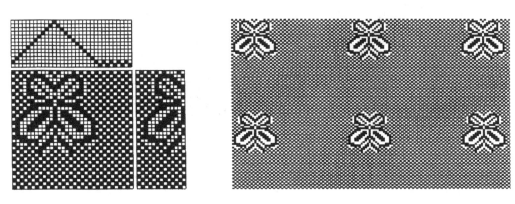

图 3-5　平行排列平纹地小提花织物

（2）菱形排列（图 3-6）。菱形排列是设计中常用的一种方法，优点是花纹排列活泼匀称，并且可以避免造成经向缩率不均和纬密不匀的弊病；缺点是同一循环内的花纹需要用不同的综框，故花形较简单。

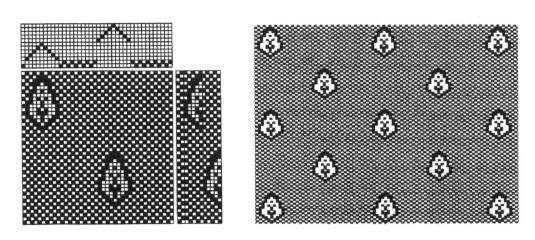

图 3-6　菱形排列平纹地小提花织物

（3）直条排列（图 3-7）。直条排列是组织设计中应用最多、效果较好的一种形式，较适宜在床上用品、衬衫等面料上使用。优点是产品装饰性强，如能与色纱配合更会取得强烈的装饰效果；缺点是经纱缩率极度不匀，织造时常采用双轴来分别控制。

（4）横条排列（图 3-8）。横条排列在纺织品设计中应用较少，主要原因是花纹成排，织造时有花纹的部位与没有花纹的部位经纱提升反差较大，起综轻重不平衡，无法正常织造；

另一个原因是由于交织点的疏密不一致，产品的纬密均匀度也难于控制。但由于其外观具有一定的装饰性，在毛巾、手帕、围巾、花边、字牌等产品上应用颇多。

图 3-7　直条排列平纹地小提花织物

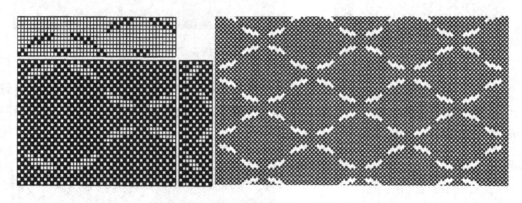

图 3-8　横条排列平纹地小提花织物

（5）满地排列（图 3-9）。满地排列是组织设计中最有趣、最富想象力的一种方法。由于此类组织具有含蓄美丽的外观，有掩盖织造病疵的能力，有增加透气性、抵抗噪声的功能，在装饰窗帘布、秋冬季时装等采用较多。

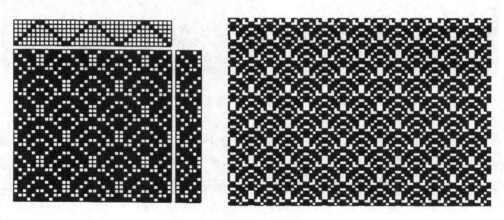

图 3-9　满地排列小提花织物

（6）散点排列（图 3-10）。散点排列受综框数限制，通常设计中散点数控制在 3~5 个左右，地组织为平纹。散点排列的花纹组织常采用综片较少的三枚、五枚透孔组织或 $\frac{3}{3}$、$\frac{5}{5}$ 经重平等，也可采用外形简单的小几何方块等。

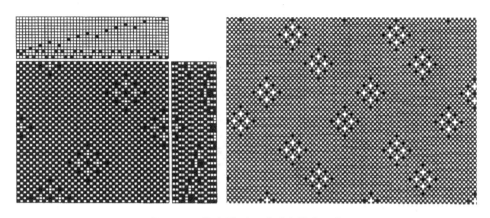

图 3-10　散点排列平纹地小提花织物

2. 平纹地小提花组织设计注意要点

（1）平纹地小提花织物花纹形式常见有几何图案、小型花卉、文字等。

（2）设计花型时，考虑织造的可能性，综页数不能超过织机的最大容量。

（3）花、地组织配合时，花、地交接要清楚，花纹轮廓清晰不变形。

（4）起花部分的浮线不能太长，一般经浮线长不宜超过 5 个组织点。

（5）起花部分的经纱与平纹交织次数不宜相差太大，否则易造成织缩的不同而增加织造的难度。

（6）每次开口提综数尽可能均匀，因此花型配置应相对均匀分散。

（7）设计上机图时，交织频繁的经纱穿在前页。平纹交织最频繁，一般穿在前页综；有浮长起花的经纱穿后页综。

（8）因起花部分只起点缀的作用，所以织物的密度一般可与平纹组织相同，采用平筘穿法。

（9）要使平纹地上起明显花纹，经纬色纱颜色配置差异要大些。

3. 平纹地小提花组织 CAD 设计方法

比较简单的小循环平纹地小提花组织的设计，可先确定组织循环，然后在组织循环范围内先填画平纹组织，再按一定构图方法，通过增（减）经组织点形成经（纬）浮长而构成一定的花纹图案；也可先用经组织点涂绘勾画出花纹图案，其余不需显现图案的地方用平纹组织填满。

循环较大比较复杂的平纹地小提花组织的设计，可先按一定构图方法绘制花纹图案，根据织物密度和花型循环尺寸大小确定形成花纹所需组织循环根数，确定纹板图和穿综方法，然后通过上机图设计软件自动生成组织图。

[**设计示例 1**] 平纹地小提花色织物 CAD 设计

设计步骤:

1. 上机图设计 打开"上机图设计"软件,在组织图区域输入 50×20 经纬循环的平纹组织,然后在平纹组织基础上,分别局部增加与减少经组织点,形成由经浮长和纬浮长构成的花纹图案(图 3-11),完成并保存上机图文件 JW.dgn。

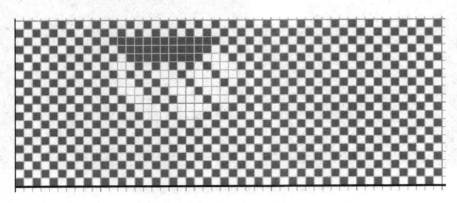

图 3-11 平纹地小提花组织

2. 织物模拟图设计 打开"织物仿真 CAD"软件,读取设计保存的上机图文件 JW.dgn;输入经纱排列 40a10b,纬纱排列 1c;调整经纬纱颜色,生成织物模拟图,保存模拟图文件 JW.fab(彩图 3-12)。

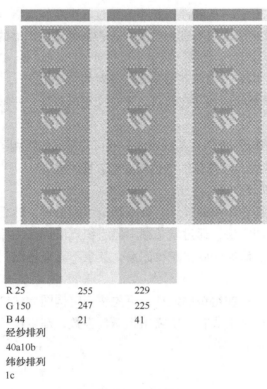

R 25	255	229
G 150	247	225
B 44	21	41

经纱排列
40a10b
纬纱排列
1c

彩图 3-12 织物模拟图

[**设计实训 1**] 结合平纹地小提花色织物设计方法，应用织物仿真 CAD 软件进行平纹地小提花色织物的创新设计，保存相关文件在 :/ 平纹地小提花 /。

（1）设计由经浮线构成的平纹地小提花织物，保存上机图文件 J.dgn、织物模拟图文件 J.fab，设计文本文件 J.doc。

（2）设计由纬浮线构成的平纹地小提花织物，保存上机图文件 W.dgn、织物模拟图文件 W.fab，设计文本文件 W.doc。

（3）设计由经、纬浮线联合构成的平纹地小提花织物，保存上机图文件 JW.dgn、织物模拟图文件 JW.fab，设计文本文件 JW.doc。

（4）综合应用不同构图形式和平纹地小提花形成方法，配合色纱排列变化，设计色织平纹地小提花织物，保存上机图文件 z.dgn、织物模拟图文件 z.fab、设计文本文件 z.doc 等。

[**设计示例 2**] 南宋小提花织物设计

"南宋小提花织物" 是一个经典设计案例，仅用 10 页综织制一个组织循环为 100×100 的平纹地小提花织物，花型美观且变化有致。

1. 上机图设计

（1）打开 "上机图设计" 软件。

（2）进入菜单 "上机图 – 纹板图输入"，按图 3–13 输入纹板图，如图 3–14 所示。

应用技巧　本例中纹板较长但有一定的规律，可灵活巧妙地运用上机图设计菜单功能，快捷地进行纹板输入、组织输入或穿综方法输入。如本例可先输入基础纹板（第 1、2 块纹板），再 "纹板循环" 50（1，2），再修改完成图 3–13 所示的纹板图。

（3）输入穿综顺序如图 3–15，随即生成组织图。完成上机图（图 3–16），并保存上机图文件 ns1.dgn。

2. 织物模拟图设计

（1）打开 "织物仿真 CAD" 软件，读取上机图文件 ns1.dgn。

（2）输入经纱排列 1a，纬纱排列 1b。

（3）调整经纬纱线颜色，生成织物模拟图（彩图 3–17），保存模拟图文件 ns1.fab。

[**设计实训 2**]

"南宋小提花织物" 设计，保存相关文件在 : / 平纹地小提花 /。

（1）练习 "南宋小提花织物" 设计，保存上机图文件 ns1.dgn、织物模拟图文件 ns1.fab。

（2）在 "南宋小提花织物" 基础上，改变穿综方法，保存上机图文件 ns2.dgn，生成新的小提花织物 ns2.fab。

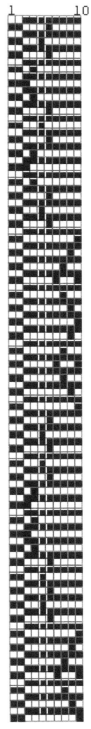

图 3–13　纹板图

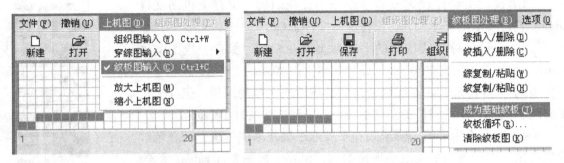

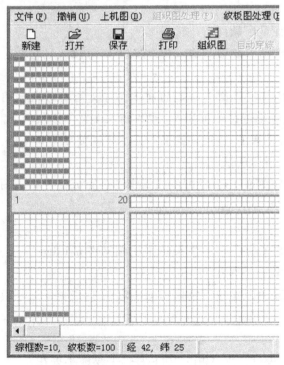

图 3-14　纹板图输入

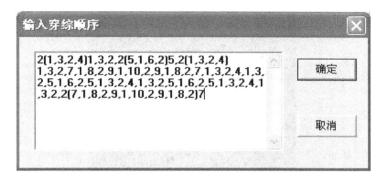

图 3-15 输入穿综顺序

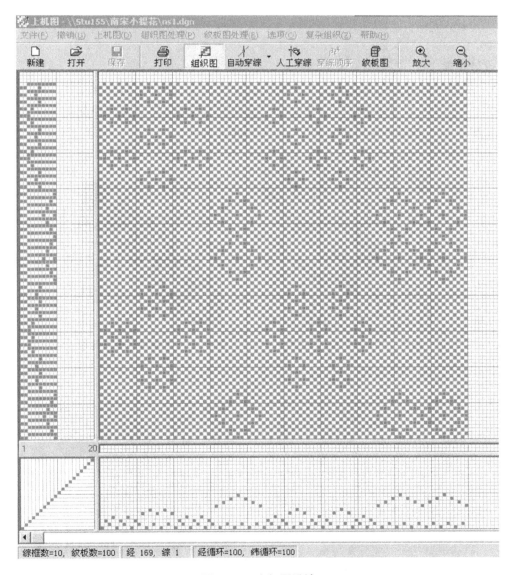

图 3-16 上机图设计

彩图 3-17　织物模拟图

（3）在"南宋小提花织物"基础上，改变纹板图，保存上机图文件 ns3.dgn，生成新的小提花织物 ns3.fab。

［设计拓展］

（1）很多联合组织就是以平纹为基础变化而来的，如透孔、网目等组织。

（2）除了以平纹为地部形成小花纹外，还可通过类似方法拓展到斜纹地（图 3-18）、缎纹地（图 3-19）或其他简单地经纬浮长起花形成小花纹。

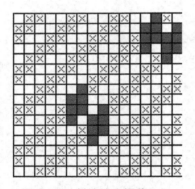
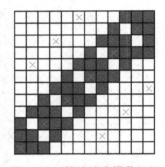

图 3-18　斜纹地小提花组织　　　　图 3-19　缎纹地小提花组织

3. 可与其他组织或色纱配合共同形成花纹，如彩图 3-20。

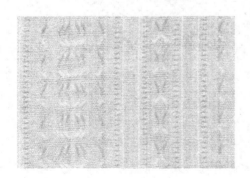
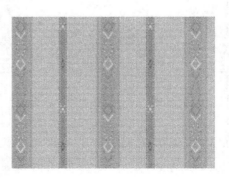

彩图 3-20 与色纱配合共同形成条形花纹

[设计参考]

经纬浮线小花纹组织设计参考见图 3-21。

图 3-21　经纬浮线小花纹组织设计参考

[作业选例 3] 作品名称：情系中国结，见彩页 4。

项目 4　配色模纹织物设计

[**项目任务**]结合配色模纹织物设计方法，应用织物仿真 CAD 软件设计配色模纹织物，生成织物模拟图。要求保存织物上机图、系列配色织物模拟图文件，并编辑打印设计文本。

[**知识目标**]掌握配色模纹织物的概念与特点、类型及影响织物模纹外观的因素；掌握配色模纹织物的设计方法。

[**能力目标**]能够运用织物 CAD 软件模拟配色模纹织物来样；能够应用 CAD 软件进行配色模纹织物的设计。

[**设计指导**]

一、配色模纹的形成与影响因素

织物组织与色纱配合在织物表面构成的花纹图案称为配色模纹，如彩图 4-1 所示。

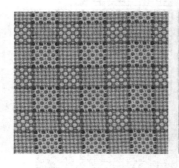

彩图 4-1　配色模纹

配色模纹由织物组织与色纱配合而共同形成，织物组织结构、经纬纱颜色、经纬纱排列根数、经纬纱排列顺序等，改变其中任何一项或几项，都可能形成不同的织物模纹图案。因此，织物模纹外观花型与经纬向色纱排列顺序、色纱排列根数和组织结构有关。

二、配色模纹典型花纹类型

配色模纹典型花纹类型有条形花纹、梯形花纹、小花点花纹、犬牙花纹、格子花纹等，如彩图 4-2 所示。

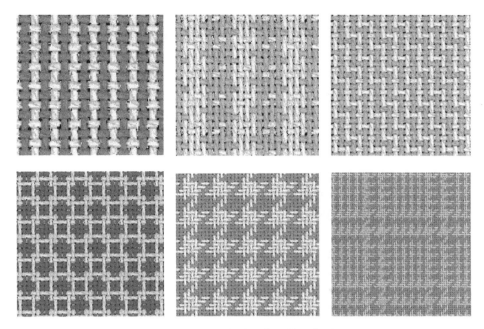

彩图 4-2　配色模纹典型花纹类型

[设计示例 1]

根据以下配色模纹（图 4-3），应用织物仿真 CAD 软件，设计配色模纹织物模拟图。

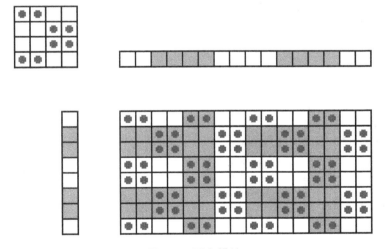

图 4-3　配色模纹

设计步骤：

（1）在"上机图设计"软件中输入组织图，生成上机图文件并保存（图 4-4）。

（2）打开"织物仿真 CAD"软件，读取设计保存的上机图文件。

（3）分析配色模纹图中色经色纬排列规律，分别输入经纬向一花循环色纱排列根数，经纱排列：2a4b2a；纬纱排列：1a2b1a。

（4）调整色纱颜色，生成配色模纹模拟图，保存模拟图文件（彩图 4-5）。

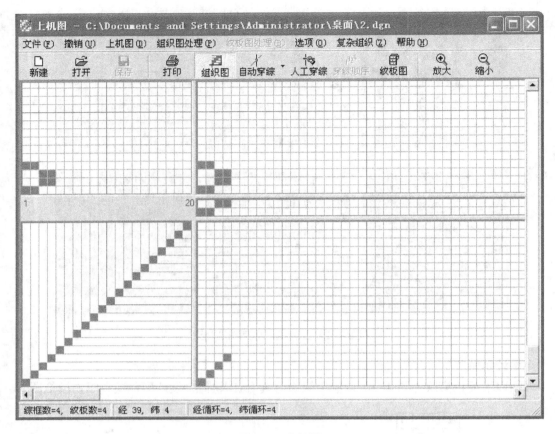

图 4-4　上机图

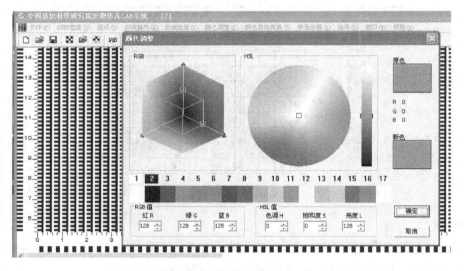

彩图 4-5　生成织物模拟图

[设计实训 1] 运用织物仿真 CAD 软件设计配色模纹织物。按表 4-1 输入不同的组织、经纬色纱排列，形成不同配色模纹织物，分别保存在文件夹：/配色模纹织物/……，见表 4-1。

表 4-1 不同配色模纹织物设计训练

组织	经纱排列	纬纱排列	保存模拟图文件
$\frac{1}{1}$	1a1b	1a1b	/1-1/1a1b
	1a1b	1b1a	/1-1/1a1b-1b1a
$\frac{1}{1}$	2a2b	2a2b	/1-1/2a2b
	3a3b	3a3b	/1-1/3a3b
$\frac{2}{2}$ ↗	1a1b	1a1b	/2-2/1a1b
	1a2b	1a2b	/2-2/1a2b
	1a2b	2a2b	/2-2/1a2b-2a2b
	2a2b	2a2b	/2-2/2a2b
	2a4b2a	2a4b2a	/2-2/2a4b2a
	4a4b	4a4b	/2-2/4a4b
$\frac{1}{3}$ 破斜纹	1a1b	1a1b	/1-3/1a1b
	2a2b	2a2b	/1-3/2a2b
	1a2b1a	1a2b1a	/1-3/1a2b1a
	1a1b1a1c	1a1b1a1c	/1-3/1a1b1a1c
	1a1b1c1d	1a1b1c1d	/1-3/1a1b1c1d
$\frac{3}{1}$ ↖	1a1b	1a1b	/3-1/1a1b
	2a2b	2a2b	/3-1/2a2b
	1a2b1a	1a2b1a	/3-1/1a2b1a
$\frac{2}{2}$ 方平	1a1b	1a	/2-2 方平 /1a1b-1a
	1a1b	1b	/2-2 方平 /1a1b-1b
	1a	1a1b	/2-2 方平 /1a-1a1b
	1b	1a1b	/2-2 方平 /1b-1a1b
	1a1b	1a1b	/2-2 方平 /1a1b
	2a2b	2a2b	/2-2 方平 /2a2b
	2a2b	2b2a	/2-2 方平 /2a2b-2b2a
	4a4b	4a4b	/2-2 方平 /4a4b
	1a2b1a	1a2b1a	/2-2 方平 /1a2b1a

[**设计实训2**]按照以下模纹图，应用织物仿真 CAD 软件，设计典型配色模纹织物模拟图，保存文件夹：/ 配色模纹织物 /……。

（1）条形模纹织物设计（图 4-6），保存文件夹：/ 条形 /……。

（2）梯形模纹织物设计（图 4-7），保存文件夹：/ 梯形 /……。

（3）小花点模纹织物设计（图 4-8），保存文件夹：/ 小花点 /……。

（4）犬牙模纹织物设计（图 4-9），保存文件夹：/ 犬牙 /……。

（5）格子模纹织物设计（图 4-10），保存文件夹：/ 格子 /……。

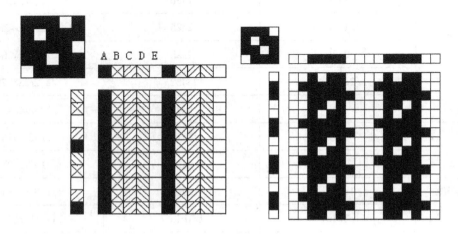

图 4-6　条形花纹模纹图

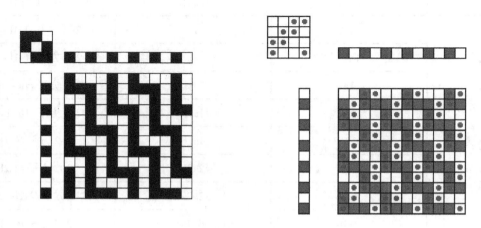

图 4-7　梯形花纹模纹图

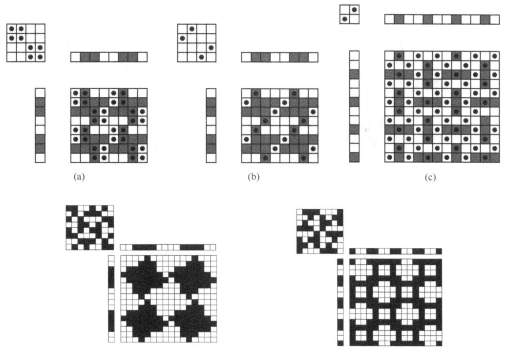

图 4-8　小花点花纹模纹图

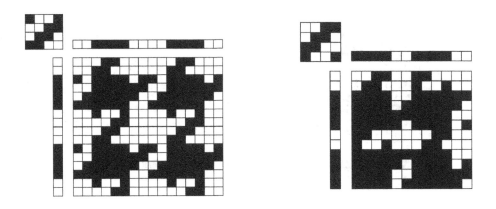

图 4-9　犬牙花纹模纹图

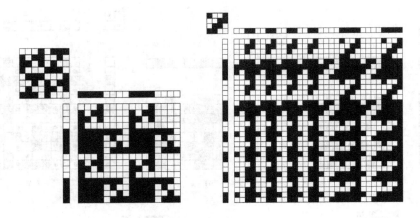

图4-10　格子花纹模纹图

[**设计示例2**] 配色模纹织物创新设计，可先在"上机图设计"软件中设计组织，或读取组织库中的组织，再通过"织物仿真CAD"软件，设计输入色经色纬循环排列，生成具有一定特色外观的配色模纹织物。如图4-11所示为采用同样以下组织，改变色纱排列而生成的不同织物模纹图。

组织图				
经纱排列	1a1b	2a2b4a2b	4(2a4b2a)	4a8b4a
纬纱排列	1a1b	2a2b4a2b	2a4b2a	4a8b4a
配色模纹模拟图		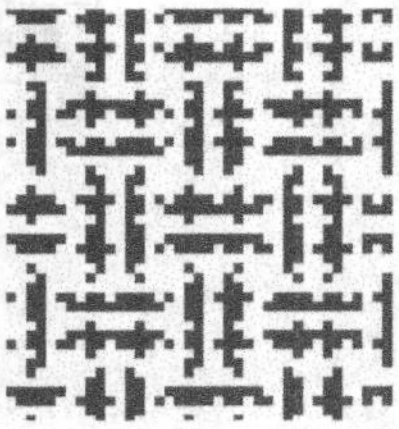	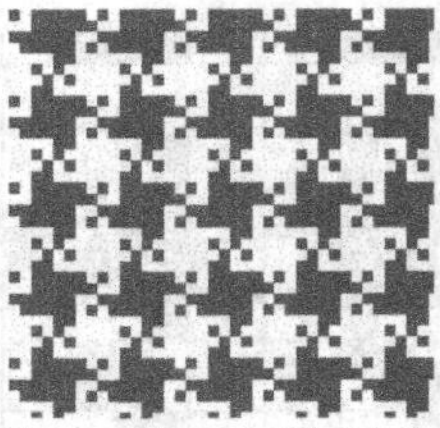	

图4-11　组织相同，改变色纱排列获得的不同模纹效果织物

[**设计实训3**] 设计或选用合适的组织，配合经纬向色纱排列变化，应用织物仿真CAD软件，设计具有特殊外观的配色模纹织物，保存文件夹：/配色模纹织物/创新/……。

[**作业选例4**] 配色模纹织物设计，见彩页5。

项目 5　条格起花色织物的设计

[**项目任务**]结合条格起花织物设计方法，应用织物仿真 CAD 软件，设计条格起花色织物，要求保存织物上机图、系列配色织物模拟图文件，并编辑打印设计文本。

[**知识目标**]掌握条格起花色织物特点、设计要点和 CAD 设计应用方法。

[**能力目标**]能够应用织物 CAD 软件模拟条格起花色织物来样；能够应用 CAD 软件进行条格起花色织物创新设计。

[**设计指导**]

一、条格起花色织物特点

由嵌条纱线组织的变化在织物表面形成浮长而构成提花条格的色织物称为条格起花色织物。条格起花色织物有如下主要特点。

（1）依靠嵌条纱线的经纬浮长形成条格等提花花型。

（2）纵向主要由经浮长在织物表面显现条型，横向主要由纬浮长在织物表面显现条型。

（3）形成起花条格的嵌条纱线一般较粗，清晰明显地突出于地部，使织物的层次感和立体感大大增强。

二、条格起花色织物设计要点

1. 嵌条纱线的选用　为了使起花条格在织物表面凸起，形成较好的立体感，起花条格的经纬向嵌条纱线常采用较粗的股线，或 2~4 根并列单纱；嵌条纱线颜色与地部纱线差异大，可使起花条格清晰突出；采用装饰效果较强的花式纱线起花，可形成立体感强、具有特殊花式效果的提花条格。

2. 组织设计要点

（1）条格起花色织物主要由数根经（纬）纱线通过经（纬）浮长形成纵（横）条纹，纵向条型主要由经浮长构成表面效果，横向条型主要由纬浮长构成表面效果。

（2）起花条格组织常采用简单的经（纬）重平组织、经（纬）面缎纹或斜纹组织等，有时也采用复杂组织，如经（纬）二重组织、经（纬）起花组织等，与表里色纱合理配置可获得双面异色异花的特殊外观效果。

（3）地部（或起花条格周边）组织常采用比较简单平整的平纹、斜纹等组织，易于突出条格效应。

3. 设计形式变化

（1）通过变化经（纬）浮长的长度与分布形式，起花纱线可在织物表面形成不同变化的花纹图案。

（2）条格起花除了单独应用外，还常与其他组织配合使用，使织物的组织变化更丰富。

（3）起花条格与色条色格巧妙配合，可形成变化无穷的色织花型。

4. 条格起花织物的生产技术要点

（1）穿综宜采用分区穿，地经穿前页综，起花嵌条纱线穿后页综。

（2）穿筘如果嵌条经纱较粗，可采用 1/D。

[设计示例 1] 条格起花色织物 CAD 设计

设计条格起花色织物，如彩图 5-1 所示。经向色纱排列 2c40a，纬向色纱排列 2d32b；其中，40a 与 32b 平纹交织成地部；2c 与 2d 以 4/4 经、纬重平构成提花条格。

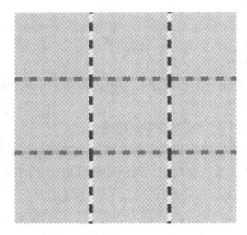

彩图 5-1　条格起花色织物

1. 基本步骤

（1）上机图输入

①打开"上机图 CAD"软件系统，输入平纹，经纱循环根数 40，纬纱循环根数 32。

②进入菜单"组织图处理—经插入"，插入 2 根经（1、2 根）。

进入菜单"组织图处理—纬插入"，插入 2 根纬（1、2 根）。

③在插入经、纬纱位置上画出提花条格的组织规律（纵向条格表面主要由经浮长构成；横向条格表面主要由纬浮长构成）。

④点击菜单"人工穿综"，设计用 5 页综，平纹穿在前 4 页，第 5 页穿起花经纱。

⑤纹板图同时生成。

⑥输入穿筘图，2 入。

⑦保存上机图文件：/ 条格起花色织物 / 创新 /2.dgn。

（2）织物模拟图设计

①打开"织物仿真 CAD"软件，读取设计保存的上机图文件。

②按组织图中地经、花经排列关系依次输入色经排列，经向：2c40a，纬向：2d32b。

③对照布样分别调整经纬色纱颜色，即可获得织物 CAD 仿真模拟图，保存织物模拟图文件：/ 条格起花组织 / 创新 /2.fab。

2. 设计变化

（1）色纱排列变化，如经向 2c40a2c40 b、纬向 2d32a2d32b，如彩图 5-2（1）所示。

（2）条格提花组织变化，如彩图 5-2（2）所示。

（3）嵌条纱颜色、结构变化等，如彩图 5-2（3）所示。

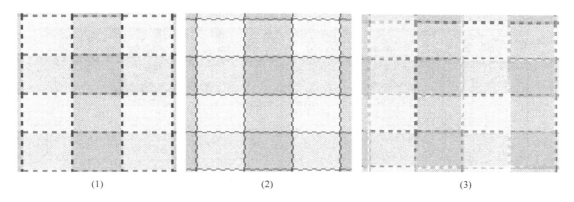

(1)　　　　　　　　　　(2)　　　　　　　　　　(3)

彩图 5-2　条格起花色织物设计变化

[**设计示例 2**] 较大循环组织的 CAD 设计。

根据组织结构规律，先输入纹板图，再输入穿综方法，生成组织图。

1. 上机图设计

（1）打开"上机图设计"软件，如果组织循环较大，可先"调整上机图大小"（图 5-3），以便于在同一屏上能显示完整组织图。

（2）输入纹板图（图 5-4）。观察该织物的组织特点：以平纹为地部，等距离镶嵌单根提花嵌条股线，嵌条提花组织由 16 次 $\frac{3}{1}$ 和 16 次 $\frac{1}{3}$ 交替构成。因此在输入纹板图时，可先输入基本纹板，再通过纹板循环而生成完整的纹板图（图 5-5）。

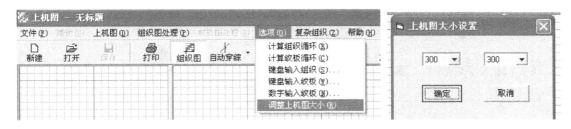

图 5-3　调整上机图大小

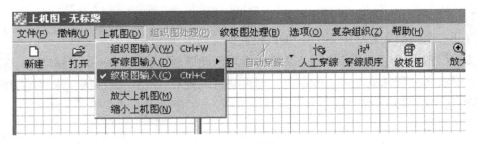

图 5-4　输入纹板图

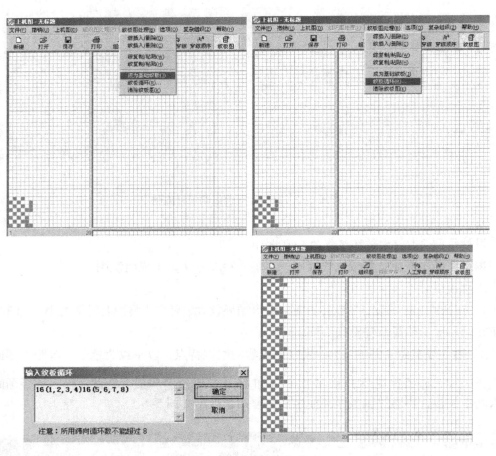

图 5-5　纹板图的生成

（3）输入穿综顺序（图 5-6）。

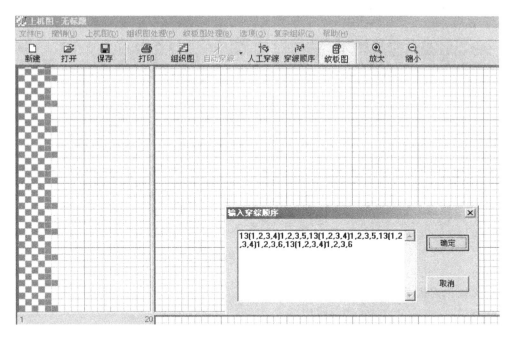

图 5-6 输入穿综顺序

（4）生成组织图（图 5-7）。

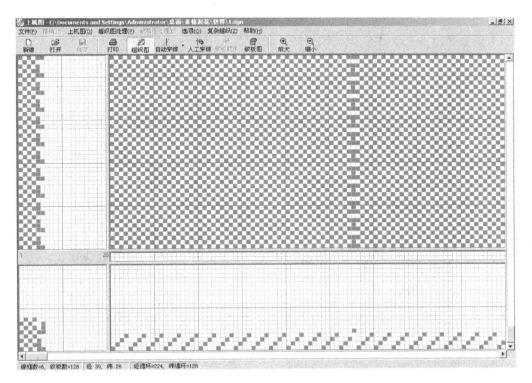

图 5-7 生成组织图

（5）保存上机图 1.dgn。

（6）打印上机图（图 5-8）。

图 5-8　打印上机图

2. 织物模拟图设计

（1）打开"织物仿真 CAD"软件。

（2）读取上机图文件。

（3）输入色纱排列。

　　　经纱排列：55a1b55a1b55a1c55a1c。

　　　纬纱排列：1d。

（4）调整色纱颜色，生成织物模拟图（彩图 5-9）。

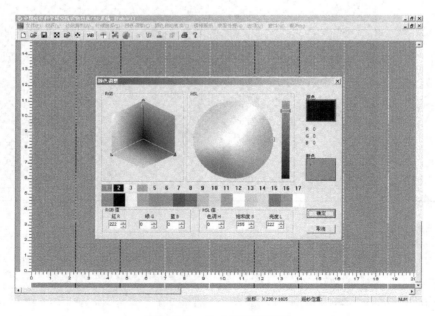

彩图 5-9　生成织物模拟图

（5）保存织物模拟图文件 1.fab。

（6）调整色纱颜色，设计系列配色织物。

[**设计参考**] 分析织物设计技巧，说明条格起花色织物常见形式与设计方法。

（1）在素色织物中插入嵌条纱线，形成提花条格。如彩图 5-10 所示织物，由于提花嵌条纱线的加入，使原本的平素白织物变得不同一般。

（2）在平纹色织条格基础上，经纬向嵌套提花条格，两者的循环单元可以一致也可以不一致。如彩图 5-11 所示织物，在细窄平纹色格基础上嵌套较大的提花条格，嵌条纱线较粗而且颜色较深，使织物形成丰富的层次感，不再显得平淡；如果两个层次条格的循环根数不同，可设计成大循环色织物。

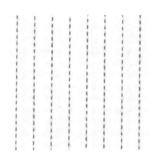

彩图 5-10　在素色织物中插入嵌条纱线

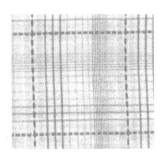

彩图 5-11　细窄平纹色格基础上嵌套较大的提花条格

（3）在较大色织条格的相邻色纱交界处插入嵌条纱线形成提花条格。如彩图 5-12 所示织物，不同色块之间加入较粗的提花嵌条，使色块之间增强了分割的界限，条块的排列显得更有力度与立体感。

（4）在不同色纱排列组合单元之间嵌入提花条格，可使各组合单元形成独立的分割区间。如彩图 5-13 所示织物，一个区域的色纱为简单的 2A2B 规则排列，另一个区域的色纱为 4（2A2B）4（4A2B）4（2A2B）的渐变排列，两个色纱排列区域由于起花条格的分割而显得条块清晰分明而有条理。

彩图 5-12　相邻色纱交界处插入嵌条纱线

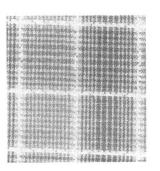

彩图 5-13　不同色纱排列组合单元之间嵌入提花条格

（5）形成起花条格的嵌条纱线，可以是一组，形成单条格，如彩图 5-10~ 彩图 5-12 所示；也可以是两组，形成双条格，如彩图 5-14、彩图 5-15 所示；甚至可以更多组，如彩图 5-16 所示，外观效果也各有不同。

（6）条格起花纱线可以采用 1 根重平组织，如彩图 5-14 中的嵌条纱线组织，纵条组织如图 5-18（1）所示，横条组织如图 5-18（2）所示；也可以采用 2 根重平组织，如图 5-15 中的嵌条纱线组织，纵条组织见如图 5-18（3）所示，横条组织如图 5-18（4）所示；也可以采用 2 根斜纹组织，如彩图 5-13 所示织物中的嵌条纱线组织，纵条组织如图 5-18（5）所示，横条组织如图 5-18（6）所示，嵌条纱线浮长正面较反面长，且两根嵌条纱线浮长交错。彩图 5-16 所示织物中，1 根重平组织嵌条纱线形成断续的虚线状条格，2 根重平组织嵌条纱线形成连续波浪状条格，两者同时应用，使织物的起花条格形式变化丰富。

彩图 5-14 两组嵌条纱线形成虚线状双条格

彩图 5-15 两组嵌条纱线形成波浪状双条格

（7）两根不同颜色的嵌条纱线，在织物表面的浮长错落显现、交替起花，可形成两种颜色间隔交替的提格效果。如彩图 5-17 所示织物，起花嵌条纱线纵条组织如图 5-18（7）所示，横条组织如图 5-18（8）所示。

彩图 5-16 多组嵌条纱线形成不同变化形式条格

彩图 5-17 两种颜色间隔交替的提花条格

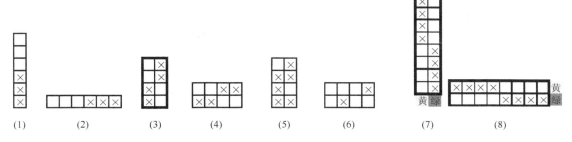

图 5-18　条格起花纱线的组织结构

（8）条格起花的嵌条纱线浮长变化，可形成具有一定花纹图案的提花条格，如彩图 5-19 所示。彩图 5-20 所示织物，嵌条纱线浮长变化，形成仿竹节纱效果；彩图 5-20 所示织物，不同位置两种嵌条色纱在织物表面交替显现长浮长和短浮长，形成特殊的外观效果。

（9）形成不同部位提花条格的嵌条纱线可以是一种颜色，也可以采用不同颜色纱线，可增加色彩的变化、扩大花型的循环，如彩图 5-22 所示。

彩图 5-19　嵌条浮长变化形成一定花纹图案

彩图 5-20　嵌条纱线浮长变化形成仿竹节纱效果

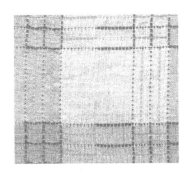

彩图 5-21　不同位置嵌条长短浮长交替显现

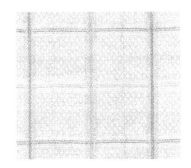

彩图 5-22　嵌条纱颜色变化扩大了花型循环

（10）嵌条纱线在表面显现的浮长分布产生变化，形成一定的花纹图案，如彩图 5-23 所示，纵横向嵌条纱线，在织物表面显现的较长浮长相交呈"十"字形，构成一定的花纹图案，其余部位按一定规律与地部经纬纱有一个组织点的接结，形成隐约的有规律排列的底部花纹，织物显得精致而富有层次感。

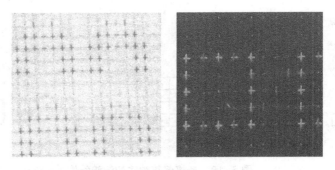

彩图 5-23　嵌条纱线表面浮长分布变化形成不同花纹图案

（11）经纬向嵌条纱线在纵横交汇点周围以较长的浮长形成花式效果明显的凸起花纹，其余部位均以紧密平整的平纹交织，嵌条纱线一般较粗或具有较强装饰性，如彩图 5-24 所示。

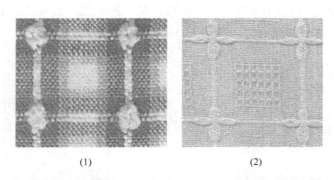

（1）　　　　　　　　　　　（2）

彩图 5-24　嵌条纱线在纵横交汇点周围以较长的浮长形成花式效果明显的凸起花纹

（12）形成提花条格的常用组织，除了上述利用简单的浮长变化形成外，还可以采用经（纬）面缎纹或斜纹组织，如彩图 5-25 所示织物也称为平纹地缎条缎格织物。条格起花还常与其他组织配合应用，如彩图 5-26 所示。

彩图 5-25　平纹地缎条缎格织物

彩图 5-26　条格起花与其他组织配合应用

项目 6　经二重色织物设计

[**项目任务**] 结合经二重色织物设计方法，应用织物仿真 CAD 软件，设计经二重色织物。要求保存织物上机图、系列配色织物模拟图文件，并编辑打印设计文本。

[**知识目标**] 掌握经二重色织物特点、设计要点和 CAD 设计应用方法。

[**能力目标**] 能够应用织物 CAD 软件模拟经二重色织物来样；能够应用 CAD 软件进行经二重色织物创新设计。

[**设计指导**]

一、经二重组织结构特点与设计要点

经二重组织由表经、里经两个系统经纱与一个系统纬纱重叠交织而成。表经与纬纱交织构成表组织，形成织物的正面；里经与同一纬纱交织构成反面组织，形成织物的反面。设计经二重组织时，将反面组织"底片翻转"为里组织，表组织和里组织按表、里经排列比重叠合成即构成经二重组织。要使织物正面色泽纯净，里经的短浮线要配置在相邻表经两浮长线之间，即里经的经组织点要被表经的长经浮线遮盖才能不"露底"。

二、经二重织物外观特点

由于经纱的重叠交织，织物的组织结构层次增加，不需采用线密度高的纱线就可增加织物厚度，不仅织物表面细致，而且可使正反两面具有不同色彩、不同织纹效果的花纹，如彩图 6-1 所示。

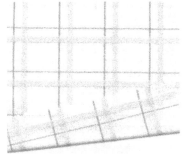

彩图 6-1　双面异色经二重织物

[**设计示例**] 经二重色织物 CAD 设计

1. 上机图设计

（1）打开"上机图 CAD"软件，点击菜单"复杂组织/二重组织"。

（2）依次按照经二重组织设计要点输入表组织 3/1 ↗、里组织 1/3 ↗，表里经排列比 1∶1，生成经二重组织。

（3）确定穿综方法，生成纹板图。经二重组织可采用分区穿法，表经穿前区、里经穿后区。生成上机图（图 6-2），保存上机图文件：/ 经二重组织 /J2-1.dgn。

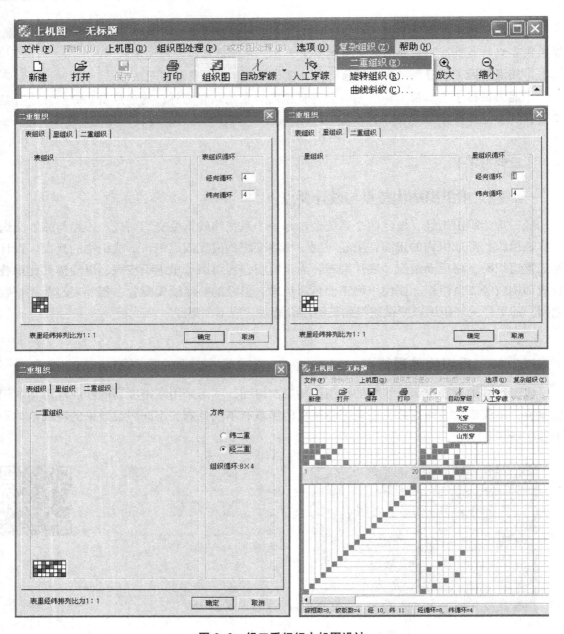

图 6-2　经二重组织上机图设计

2. 织物模拟图设计

（1）打开"织物仿真 CAD"软件，读取上机图文件：/J2-1.dgn。

（2）输入经纱排列、纬纱排列。本例中，表经 10a10b，里经排列 10c10d，表、里经排列比 1 ：1，则经向色纱排列为 10（1a1c）10（1b1d）；纬纱排列 1e。

（3）调整表经、里经、纬纱的颜色，即可获得经二重织物 CAD 模拟图，屏幕显示出织物正面 10a10b 两色相间的条纹效果，而织物反面 10c10d 两色相间条纹不显示。保存织物模拟图文件：/ 经二重组织 / J2-1.fab。

[拓展设计]

（1）改变色经排列组合，可以生成双面异色彩色条纹。如正面色经排列 10a10b10 c，反面色经排列 10d 10e10f，表里经排列比 1 ：1，则经纱排列可表示为 10（1a1d）10（1b1e）10（1c1f）；纬纱为一色 g，则可生成三色等宽交替排列的双面异色经二重织物，如彩图 6-3 所示。

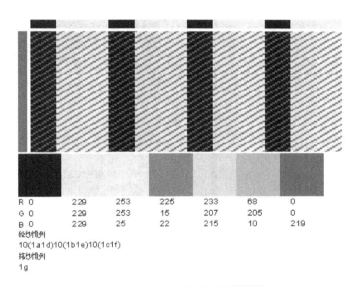

彩图 6-3　经二重织物正面模拟图

（2）如经纱排列 10（1a1d）10（1a1e）10（1c1f），纬纱为一色 g，可生成双面异色异花的经二重织物，正面为 20a10c 不等宽双色条纹，反面为 10d10e10f 等宽三色条纹，如彩图 6-4 所示。

（1）正面　　　　　　　　　　　（2）反面

彩图 6-4　双面异色异花的经二重织物模拟图

（3）还可改变表组织、里组织，改变表里经排列比，获得不同的表面效果。如图 6-5 所示，表组织 $\frac{2}{2}$ 方平，反面组织 $\frac{3}{1}$ 破斜纹，里组织 $\frac{1}{3}$ 破斜纹，表、里经排列比 2∶1，图中表、里经排列顺序为"1 表 1 里 1 表"（如 1a1b1a）。织物正面模拟图见图 6-6 所示。

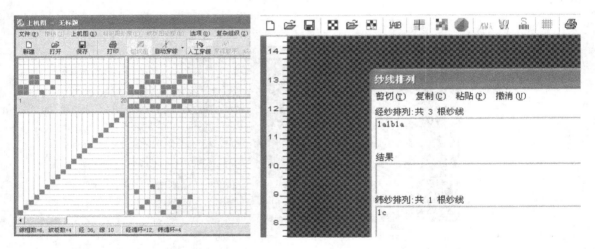

图 6-5　经二重织物上机图　　　　　　　**图 6-6　经二重织物模拟图**

注意：输入经纱排列时一定要对应组织图中每根经纱对应角色和色纱颜色，如 1a1b1a，而非简单的 2a1b。

（4）如果改变表、里组织位置，可形成表里色交换的条型或格型。

[设计示例] 表里换色的经二重组织设计

（1）上机图设计。如图 6-7 所示，依次输入基础纹板图、成为基础纹板、输入纹板循环、输入分区穿综方法，即可生成组织图与上机图，保存上机图文件：/ 经二重组织 /J2-2.dgn。

（2）织物模拟图设计。输入经纱排列、纬纱排列，调整纱线颜色，生成并保存织物模拟图（彩图 6-8）。

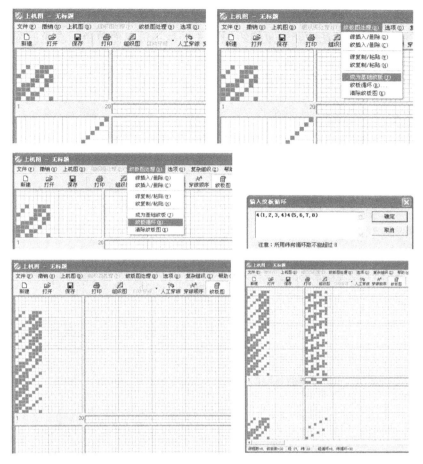

图 6-7　表里色交换的经二重组织设计

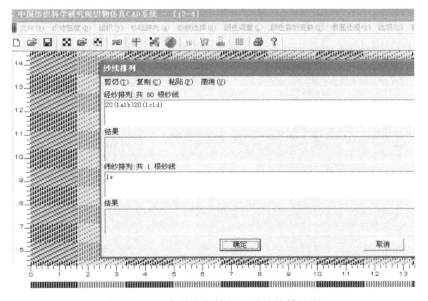

彩图 6-8　表里换色的经二重织物模拟图

［设计实训］

（1）设计双面异色异花的经二重组织织物（提示：可双面单色、双色间隔、三色间隔，可等宽、不等宽；可不同组织织纹）。

（2）设计表、里经交换的双面异色异花经二重织物（提示：双面的格型大小、颜色可有不同变化）。

项目 7　纬二重色织物设计

[**项目任务**] 结合纬二重色织物设计方法，应用织物仿真 CAD 软件，设计纬二重色织物。要求保存织物上机图、系列配色织物模拟图文件，并编辑打印设计文本。

[**知识目标**] 掌握纬二重色织物特点、设计要点和 CAD 设计应用方法。

[**能力目标**] 能够应用织物 CAD 软件模拟纬二重色织物来样；能够应用 CAD 软件进行纬二重色织物创新设计。

[**设计指导**]

一、纬二重组织结构特点与设计要点

纬二重组织由表纬、里纬两个系统纬纱与一个系统经纱重叠交织而成。表纬与经纱交织构成表组织，形成织物的正面；里纬与同一经纱交织构成反面组织，形成织物的反面。设计纬二重组织时，将反面组织"底片翻转"为里组织，表组织和里组织按表、里纬排列比重叠合成即构成纬二重组织。要使织物正面色泽纯净，里纬的短纬浮长要配置在相邻表纬两浮长线之间，即里纬的纬浮点要被表纬的长纬浮线遮盖才能不"露底"。重叠纬纱可以由两个系统增加到三个或更多系统，构成纬三重或多重纬组织。

二、纬二重织物外观特点

纬二重织物由于纬纱的重叠交织，使织物组织结构层次增加，花色变化丰富，织物厚度增加，正反两面可具有不同色彩、不同织纹效果的花纹。重纬组织广泛应用于遮光窗帘布、提花装饰布、缎档毛巾等。

[**设计示例**] 纬二重色织物 CAD 设计

1. 上机图设计

与经二重组织设计类同，打开上机图设计软件，如分别输入表组织 $\frac{1}{3}\nearrow$，里组织 $\frac{3}{1}\nearrow$（反面组织 $\frac{1}{3}\searrow$），表里纬排列比 1:1，生成纬二重组织，保存上机图文件。操作如图 7-1 所示。

2. 织物模拟图设计

（1）打开织物仿真 CAD 软件，读取纬二重组织上机图文件。

（2）经纱一个系统，如 1a；纬纱表、里纬两个系统，1∶1 相间排列，如 1b1c；

（3）调整经纱、纬纱颜色，即可生成纬二重织物表面模拟图。如彩图 7-2 所示，织物外观为正面显红色、反面显黄色的双面异色纬二重织物。

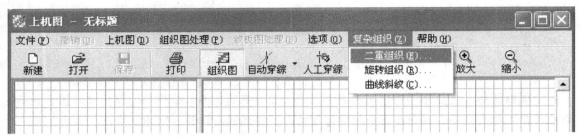

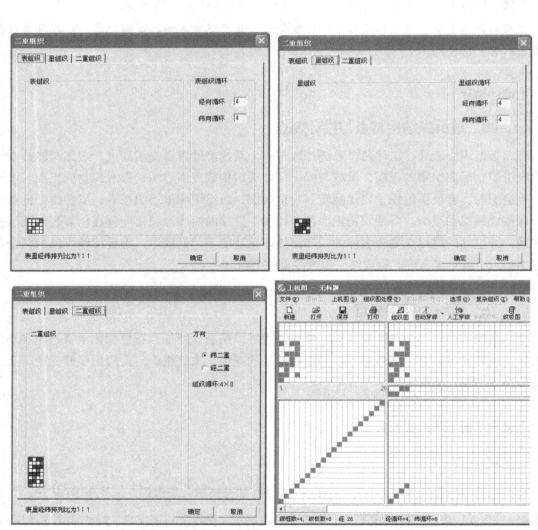

图 7-1　纬二重组织上机图 CAD 设计

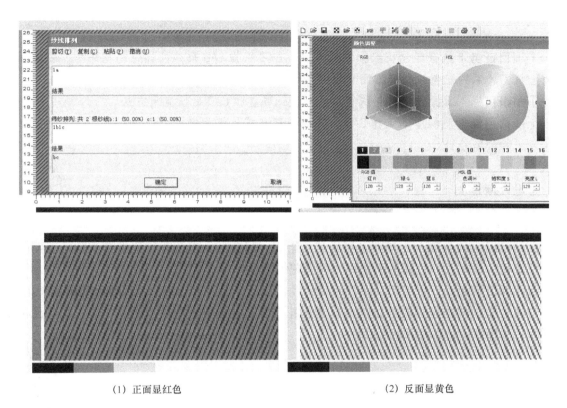

(1) 正面显红色　　　　　　　　　　　　　　(2) 反面显黄色

彩图 7-2　纬二重组织模拟图 CAD 设计

［设计实训］

（1）分析纬二重色织物来样结构参数，完成织物分析仿制小样工艺单。

（2）应用织物 CAD 软件仿真模拟来样织物，要求保存织物上机图、模拟图文件，并编辑打印设计文本。

（3）结合纬二重色织物设计方法，应用织物 CAD 软件，进行纬二重色织物创新设计，要求保存织物上机图、模拟图文件，并编辑打印设计文本。

项目 8　经起花色织物设计

[**项目任务**] 结合经起花织物设计方法，应用织物 CAD 软件设计经起花织物，要求保存织物上机图、系列配色织物模拟图文件，并编辑打印设计文本。

[**知识目标**] 掌握经起花色织物特点、设计要点和 CAD 设计应用方法。

[**能力目标**] 能够应用织物 CAD 软件模拟经起花色织物来样；能够应用 CAD 软件进行经起花色织物创新设计。

[**设计指导**]

一、经起花色织物特点

在简单组织的基础上，局部采用经二重组织，起花部分按照花纹要求在织物的表面由花经浮长变化构成花纹，这样的织物称为经起花织物。

起花部位常为经二重组织，两个系统经纱（花经、地经）与一个系统纬纱交织。起花时，花经与纬纱交织使花经浮在织物表面，利用花经浮长变化构成花纹；不起花时，花经沉于织物反面，与纬纱交织形成纬浮点。

二、经起花色织物设计要点

1. 花型外观特点

（1）纹样题材有几何、朵花、动物等。

（2）由于受综页数限制，图案概括、精练、抽象，不强调写实而求神似，对称花型省综，如彩图 8-1 所示。

2. 结构特点

（1）起花部位。需要在织物表面起花时，花经在正面形成经浮长；织物表面不需要起花时，花经沉到织物背面，即与纬纱交织形成纬组织点，在织物背面形成浮长。

（2）当花经在织物背面浮长过长时，往往

彩图 8-1　经起花色织物图案概括精练

间隔一定距离加一经组织点，即与纬纱交织一次，以起固结作用。

花经的接结点可视花型特点进行合理配置，可构成隐衬的花纹，在固结过长浮长的同时还构成了花纹的一部分，从而增强了花型的层次和立体感。

（3）地部组织。为了突出花部，地部组织一般比较简单平整。

3. 花经原料选用　为了突出花纹效果，花经可选用比地经更粗的单纱或股线，纱线品质较好，光洁，色泽艳丽、光泽好。

4. 经起花织物的上机要点

（1）穿综采用分区穿。一般地经穿在前区；花经穿在后区；同类花经穿入同一区内。

（2）穿筘时，一般将同一组花经与地经穿入同一筘齿。

三、经起花组织 CAD 设计方法

上机图设计软件中，可以根据地经和花经各自提综规律，先设计输入纹板图和穿综顺序，从而获得组织图。也可以在组织图区域直接输入经起花组织，方法一般有两种。

（1）先画出起花图案和花经组织点规律：表面显现花纹处为经组织点，其他部位花经在表面不显现花纹，为纬组织点。然后按照排列比依次插入地经，再在地经上画上地组织。

（2）先画出地经组织点规律，再按照排列比依次插入花经，然后在花经上填上组织点规律——表面显现花纹处为经组织点，其他部位花经在表面不显现花纹为纬组织点。

[**设计示例**] 经起花织物 CAD 设计

1. 上机图设计

（1）打开上机图设计软件，在组织图区域起花组织部位输入花纹图案，由花经上一经组织点构成，如图 8-2 所示。

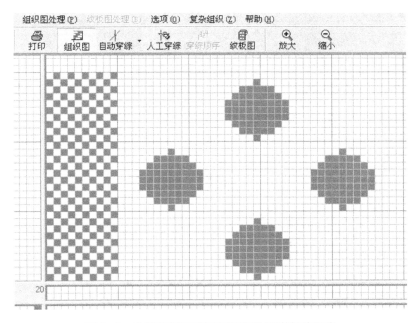

图 8-2　在组织图区域经起花部位画出起花图案

（2）在起花花经中间，按地经与花经的排列比插入地经位置，如图 8-3 所示。

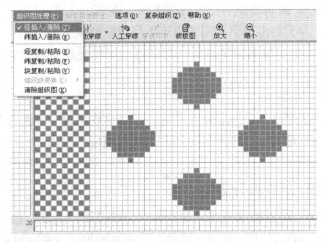

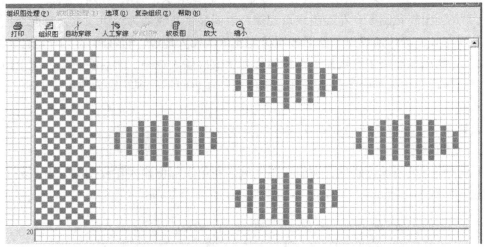

图 8-3　按照地经与花经排列比插入地经位置

（3）在地经上填绘地部组织，即完成经起花部位组织的设计，如图 8-4 所示。

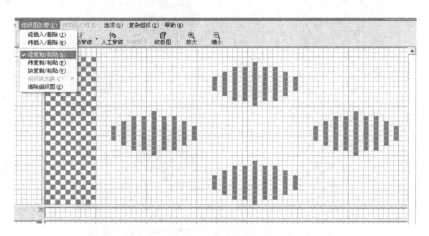

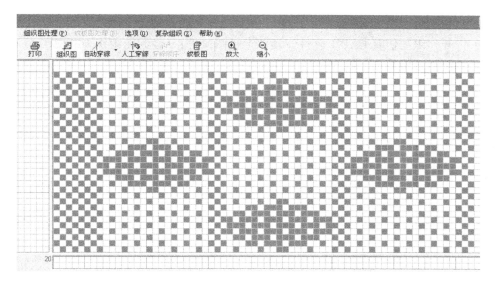

图 8-4　在地经位置上填上地组织

（4）设计穿综方法（可采用分区穿法，地经穿前区、花经穿后区），完成上机图，如图 8-5所示。

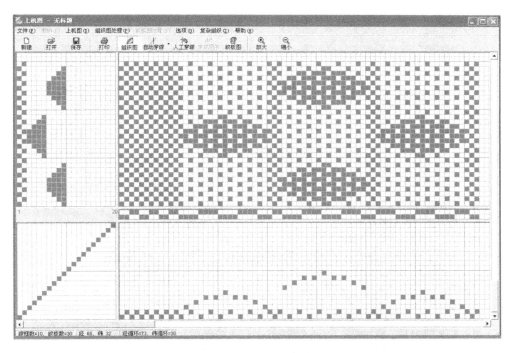

图 8-5　自动穿综完成上机图

保存上机图文件：/ 经起花组织 /*.dgn。

2. 织物模拟图设计

（1）打开"织物仿真 CAD"软件，读取上机图文件：/ 经起花组织 /*.dgn。

（2）按组织图中地经、花经排列关系依次输入色经色纬排列（图 8-6）。

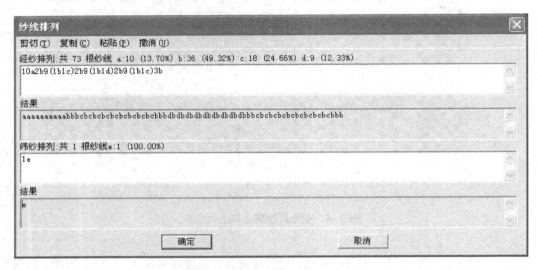

图 8-6　输入色纱排列

（3）分别调节地经、花经、纬纱的颜色，即可获得经起花织物模拟图（彩图 8-7），保存织物模拟图文件：/ 经起花组织 /*.fab。

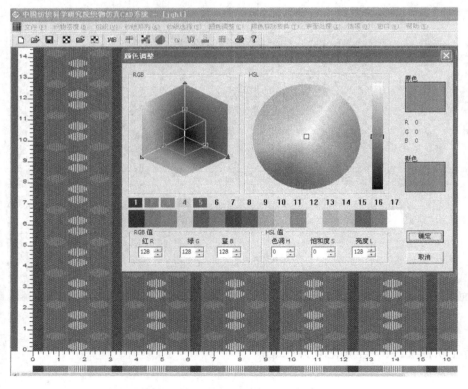

彩图 8-7　调整色纱颜色形成模拟图

[**设计参考**] 经起花色织物设计实例，如图 8-8 所示。

彩图 8-8（1）、（2）所示，经起花形成具有律动感的几何花型。

彩图 8-8（3）所示，蓝白方格上间隔加上白色简洁的花朵形状，素雅而精致，纵向花朵间的花经浮长优雅地以接结点的形式分布在格子之间。

彩图 8-8（4）所示，经起花构成的花朵在纵向上下对称成双，之间的浮长接结形成花朵间的横条间隔；花朵两侧配以经起花的间隔条块，好似花园中的栅栏，田园而温馨。

彩图 8-8（5）所示，通过花经颜色的变化与配合，同样的花纹不一样的颜色，在暗色背景下显得绚丽多彩。

彩图 8-8（6）所示，以斜纹组织为地组织，在朦胧渐变的色格上由短浮长形成简洁的小花纹；经起花组织的花经虽然只有一个层次，但颜色有一定的排列和变化；花经浮长以接结点的形式构成了隐衬的花纹，从而增强了花型的层次和立体感。

彩图 8-8（7）所示，同样的经起花组织，由于花经颜色的变化，形成了不同颜色的花朵；蓝白色格的交叉方格处的透孔组织使平纹地组织有了变化；加上典雅的配色使整个织物显得清新美好。

彩图 8-8（8）所示，经起花组织构成可爱的小熊纹样，两个层次不同颜色的花经形成了小熊身体的不同部位；对称的图案可以最大程度节约综页，以利于多臂机用有限的综页生产出比较逼真的动物纹样；上下小熊之间的花经浮长接结点构成了隐现的底纹，使花纹层次更丰富。

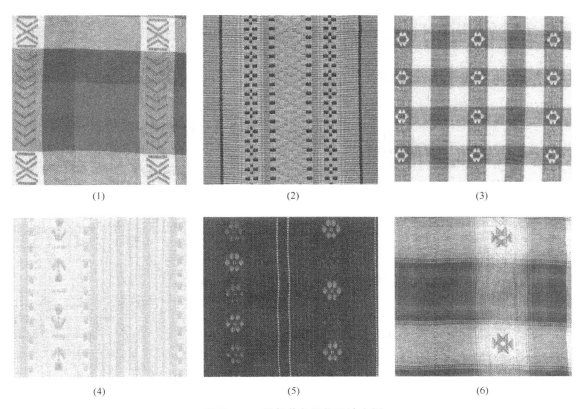

(1)　　　　　　　　　　(2)　　　　　　　　　　(3)

(4)　　　　　　　　　　(5)　　　　　　　　　　(6)

彩图 8-8　经起花色织物设计实例

彩图 8-8（9）所示，小汽车纹样通过经起花组织体现，富有较强的立体感；长浮长间的接结点连成水平线状，加上地部色纱渐变的间隔排列，好似汽车驰骋于平坦的道路上，窗外风景即闪而过。

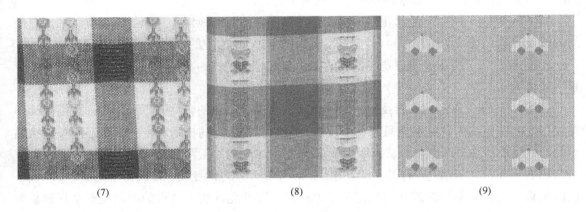

(7)   (8)   (9)

彩图 8-8　经起花色织物设计实例

此外，经、纬联合起花可形成提花条格，如彩图 8-9 所示。

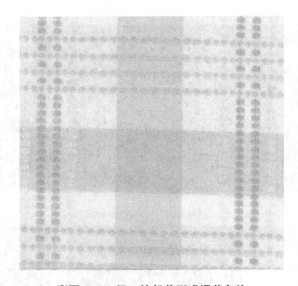

彩图 8-9　经、纬起花形成提花条格

[作业选例 5] 经起花色织物设计，见彩页 6

项目 9　双层色织物设计

[**项目任务**]结合双层色织物设计方法,应用双层织物仿真 CAD 软件设计双层组织色织物,要求编辑打印设计文本。

[**知识目标**]掌握双层色织物特点、设计要点和 CAD 设计应用方法。

[**能力目标**]能够应用织物 CAD 软件模拟双层色织物来样；能够应用 CAD 软件进行双层色织物创新设计。

[**设计指导**]

一、双层组织色织物特点

双层组织由两个系统经纱和两个系统纬纱重叠交织,形成相互独立的织物上、下两层,表经和表纬以表组织交织构成织物的上层,里经和里纬以里组织交织构成织物的下层。

根据上下层连接方式的不同,双层组织的织物常见有以下几种。

(1)连接上下层的两侧构成管状织物,如彩图 9-1 所示。

(2)连接上下层的一侧构成双幅织物。

(3)在管状或双幅织物上,加上平纹组织,可构成袋织物。

(4)按设计纹样交换表里两层,形成表里换层双层组织,如彩图 9-2 所示。

(5)利用各种不同的接结方法,使上下两层织物连结在一起,构成接结双层织物,如彩图 9-3 所示。

彩图 9-1　管状织物

彩图 9-2　表里换层双层织物

彩图 9-3　接结双层织物

二、典型双层组织设计要点

1. 上下两层完全分离的双层组织

表里组织均为平纹，经纬表里纱排列比均为 1 ∶ 1 的双层组织组织图的绘制方法如下。

（1）画表组织 $\frac{1}{1}$ 平纹，用 1、2 表注表经、表纬，如图 9-4（1）所示。

（2）画里组织 $\frac{1}{1}$ 平纹，用 I、II 表注里经、里纬，如图 9-4（2）所示。

（3）按表里经、表里纬排列比计算双层组织的组织循环纱线数 R_j 和 R_w，计算方法可参照经纬二重组织。

若表经∶里经 =1∶1，表纬∶里纬 =1∶1，则 $R_j = R_w = 2 \times 2 = 4$。

（4）在一个组织循环范围内，按表、里经排列比，用不同符号标注表经和里经、表纬和里纬，如图 9-4（3）所示。

（5）在表经与表纬相交处填入表组织，在里经与里纬相交处填入里组织，如图 9-4（4）所示。

（6）再根据双层组织"投里纬时表经必须全部提起"的原则，在表经和里纬相交处必须全部加上特有的经组织点，图 9-4（5）所示为正反面均为平纹，表里经、表里纬排列比均为 1 ∶ 1 的双层组织的组织图，图中符号 ⊠ 表示表层经组织点，⊙ 表示里层经组织点，△ 表示投里纬时表经提起。

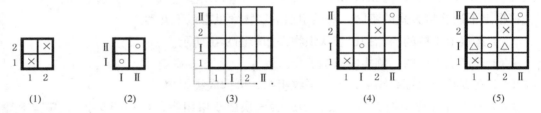

图 9-4 双层组织组织图绘制步骤

2. 表里换层双层组织

不同色泽的表经和里经、表纬和里纬，沿织物花纹轮廓处交换表、里角色，使织物表面按一定的花纹图案交替出现正反两面的花纹效果，同时使两层结构连接在一起，形成表里换层双层织物。

例如，经纬色纱排列比均为 A∶B=1∶1，表里组织均为 $\frac{1}{1}$ 平纹，当 A 经 A 纬交织构成表层，织物显 A 色，如图 9-5（1）所示；当 B 经 B 纬交织构成表层，织物显 B 色，如图 9-5（2）所示；当 A 经 B 纬交织构成表层，织物显 AB 色，如图 9-5（3）所示；当 B 经 A 纬交织构成表层，织物显 BA 色，如图 9-5（4）所示；纹样显色示意如图 9-5（5）所示，设每一方块中表里经、表里纬各 4 根；按纹样填入不同显色组织，即为表里换层双层组织，如图 9-5（6）所示，图中符号 ⊠ 表示表层经组织点，⊙ 表示里层经组织点，△ 表示投里纬时表经提起，其余无符号 □ 代表纬组织点。

3. 接结双层组织

接结双层组织是在双层组织的基础上，加上一些接结点组织，从而使双层组织的上下两层紧密相连在一起。连接上下两层的接结方法有"下接上法"（里经提起与表纬交织）、"上接下法"（表经下降与里纬交织），或两种同时运用的"联合接结法"等。

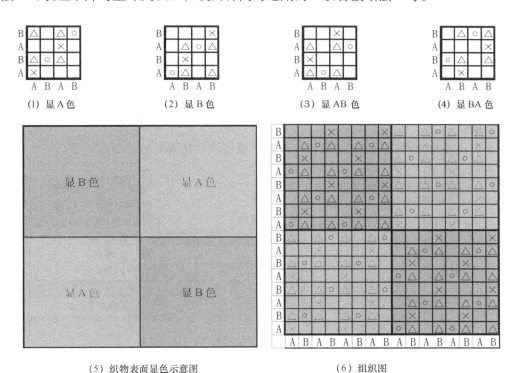

(1) 显 A 色　　　(2) 显 B 色　　　(3) 显 AB 色　　　(4) 显 BA 色

(5) 织物表面显色示意图　　　(6) 组织图

图 9-5　方块纹样表里换层双层组织

接结点有时要求尽量隐蔽，其作用主要是为了紧密连接双层组织的上下两层，如彩图 9-6 所示。要使接结点尽量不露出织物表面。对织物正面而言，如接结点是经组织点，则应位于表经长浮线之间；如是纬组织点，则应在表纬长浮线之间；接结点由尽量小的组织浮点构成；接结点分布的方向，尽量与表组织的织纹方向一致。

彩图 9-6　接结点隐蔽的接结双层织物

彩图 9-7　接结点显现的填芯接结双层织物

有时需要接结点明显地显露在织物表面，利用接结点的织纹痕迹形成织物表面花纹图案的一部分，如彩图 9-7 所示。接结点要按设计分布，形成一定的花纹；接结点是单个浮点时，可能在织物表面显露不够明显，可以采用增加组织点，即将接结浮点变成接结短浮长，再配合特殊效果纱线，如金银丝或与表面织物颜色差异大的纱线等，突出接结点在织物表面的显现效果。

因此，接结双层织物设计时，要根据不同的需要来设置接结点组织，再结合纱线品种、颜色等的配合，达到所需的目的。

[**设计示例 1**]表里换层双层色织物 CAD 模拟设计。应用"双层织物仿真 CAD"系统，设计表组织为 $\frac{2}{2}\nearrow$、里组织为平纹、表里层纱排列比为 1:1 的表里换层双层织物 CAD 模拟图。操作步骤：

1. **表里换层双层组织图 CAD 设计**　进入"双层织物仿真 CAD"系统（图 9-8）。

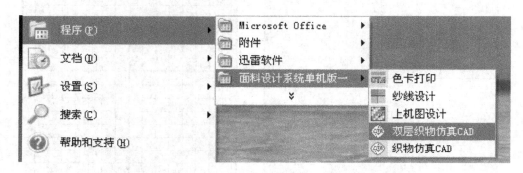

图 9-8　进入"双层织物仿真 CDA"系统路径

点击菜单"组织—表里换层组织设计"（图 9-9）。

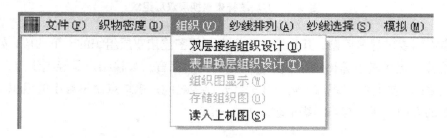

图 9-9　进入"表里换层组织设计"

在组织参数对话框中输入相关参数（图 9-10）。

输入表组织的经纱循环 4 和纬纱循环 4，里组织的经纱循环 2 和纬纱循环 2，纹样图循环大小 6×6，表经：里经 =1:1，表纬：里纬 =1:1；单击"确定"按钮后，就关闭对话框并同时打开一个输入表组织、里组织和纹样图的窗口；输入表、里组织图（图 9-11）。

输入纹样图可以由 4 种颜色的色块组成，在图 9-11 中，甲经甲纬构成表层的部分用白色（即屏幕底色）填充；乙经乙纬构成表层的部分用浅绿色填充；乙经甲纬构成表层的部分用红色填充；甲经乙纬构成表层的部分用蓝色填充。本例中纹样图只使用了两种颜色，即白色和绿色，织物的表层分别由甲经甲纬交织形成的织物和乙经乙纬交织形成的织物构成。

纹样图设计完成后，点击菜单按钮"组织—显示组织图"，即可显示出一个彩色的表里换层组织图，如图彩 9-12 所示。

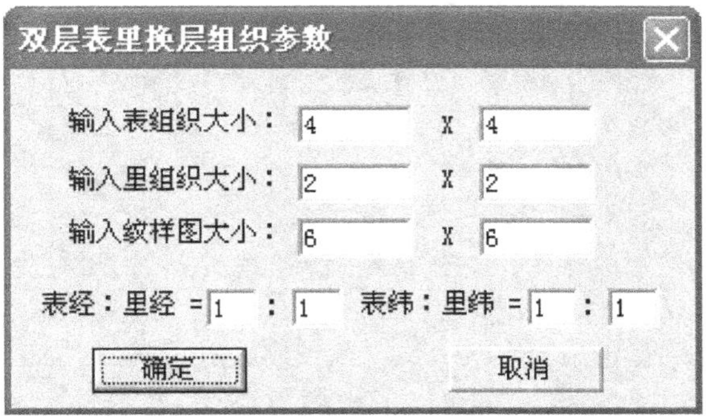

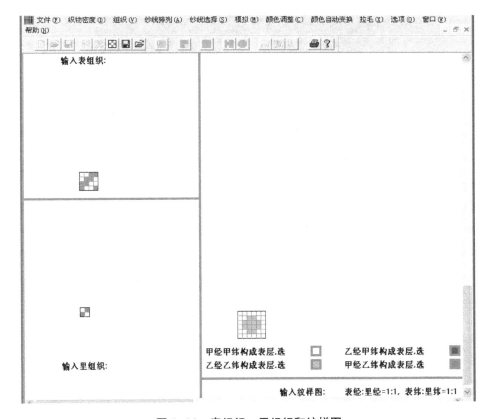

图 9-10　输入双层表里换层组织参数

图 9-11　表组织、里组织和纹样图

再次点击菜单"组织—显示组织图"按钮，解除该按钮的按下状态，又恢复到表里组织图，点击"关闭"按钮，关闭该窗口。

彩图 9-12 组织图

2. 表里换层双层织物模拟图 CAD 设计　表里换层组织图输入结束后，打开"纱线排列"对话框，输入经纱排列"1A1B"，纬纱排列"1a1b"［图 9-13（1）］。

单击菜单"纱线选择"，纱线 A 选用纱线 541，纱线 B 选用纱线 542［图 9-13（2）］，单击"确定"按钮，关闭对话框。纱线 541 和 542 是设计的两根混色纱线，541 采用了 1、2号调色板；542 采用了 3、4号调色板。

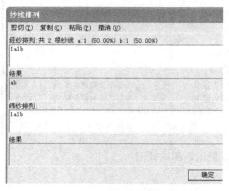

（1）纱线排列　　　　　　　　　　　　　　（2）纱线选择

图 9-13　纱线排列和纱线选择

　　按菜单按钮"颜色调整"，调整经纬纱线所用调色板的 RGB 值：1 号调色板 RGB（0，0，0）；2 号调色板 RGB（105，105，105）；3 号调色板 RGB（255，255，255）；4 号调色板 RGB（118，118，118）。完成调色，模拟图如彩图 9-14 所示。保存双层织物模拟图文件：/ 双层织物 /s1.fab。

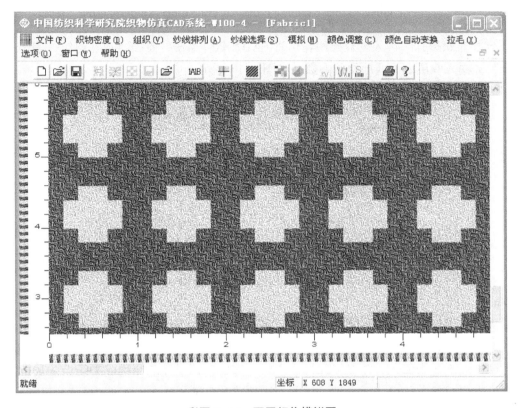

彩图 9-14　双层织物模拟图

　　应用菜单"颜色调整"或"颜色自动变换"功能，可以自动生成其他配色织物（彩图 9-15）。

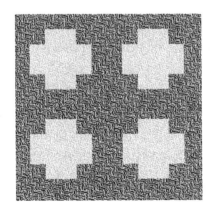

彩图 9-15　颜色变换生成其他配色织物

[**设计示例 2**] 双层色织物设计——机器人

设计说明：采用表里交换双层组织，表、里组织均采用平纹，表、里纱线排列比 1：1。地部颜色较单一，由甲经 A/ 甲纬 a 交织形成浅蓝色；花部由复杂多变的色格构成机器人图案，乙经、乙纬采用比较复杂的大循环色纱排列，构成各不相同的机器人。

设计步骤：

1. 双层组织设计　进入"双层织物仿真 CAD"软件系统，点击菜单"组织—表里换层组织设计"，输入双层表里换层组织参数，如图 9-16 所示。

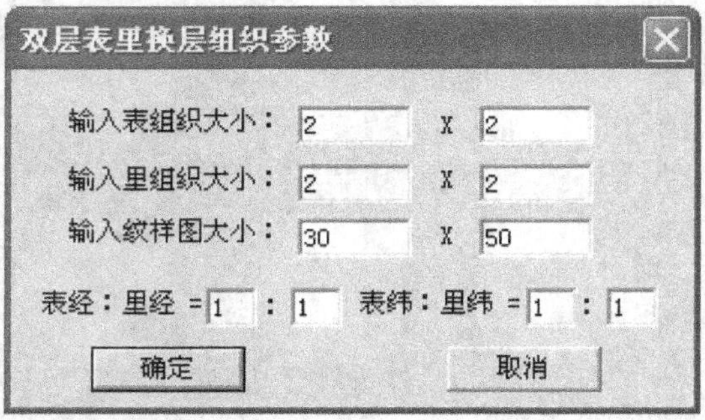

图 9-16　输入双层表里换层组织参数

屏幕显示表里组织及纹样图输入窗口（图 9-17），左上方输入表组织平纹，左下方输入里组织平纹，右面纹样图最多可以由四色构成，甲经甲纬组成表层为"白色"（即屏幕底色），乙经乙纬构成表层为绿色，乙经甲纬构成表层为深红色，甲经乙纬构成表层为蓝灰色，按左键选取代表组织显色的色块后，到纹样图上用选取颜色输入纹样。本例中只用了两种颜色，即甲经甲纬构成表层的白色和乙经乙纬构成表层的绿色。

纹样图输入结束后按菜单"组织—组织图显示"按钮，一个 120×200 的组织图就出现了，如图 9-18 所示。此时"组织图显示"按钮处于"按下"状态，再次点击"组织图显示"按钮，该按钮恢复正常状态，窗口回到纹样图输入窗口，按下该窗口的"退出"按钮，关闭该窗口。

2. 输入经纬向色纱排列　单击"纱线排列"按钮，打开纱线输入对话框，输入经纬纱排列。

经纱排列为：4（1a1b）6（1a1e）6（1a1b）4（1a1c）4（1a1b）4（1a1c）6（1a1b）4（1a1d）2（1a1c）2（1a1d）2（1a1c）2（1a1d）2（1a1c）4（1a1d）6（1a1b）4（1a1c）4（1a1b）4（1a1c）6（1a1b）6（1a1e）。

纬纱排列为：5（1h1e）4（1h1b）2（1h1c）10（1h1b）2（1h1c）4（1h1b）4（1h1c）4（1h1b）2（1h1c）8（1h1b）6（1h1f）2（1h1b）2（1h1c）2（1h1b）6（1h1f）8（1h1b）2（1h1c）4（1h1b）4（1h1c）4（1h1b）2（1h1c）10（1h1b）2（1h1c）4（1h1b）1h1e。

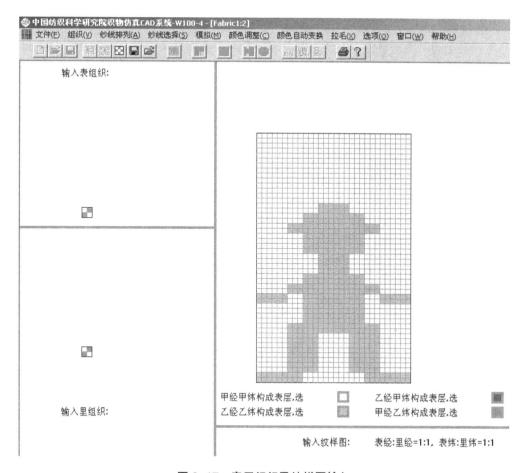

图 9-17 表里组织及纹样图输入

按"确定"按钮，结束纱线排列输入。

单击"纱线选择"按钮，打开纱线选择对话框，输入纱线名：A 纱 101；B 纱 102；C 纱 103；D 纱 104；E 纱 105；F 纱 106；H 纱 108。

3. 织物模拟并调色　纱线输入结束后，按"确定"关闭对话框。屏幕随即显示织物模拟图。单击"颜色调整"按钮，打开调色对话框，分别按 RGB 数值调整纱线颜色：A 纱 RGB（144，163，255）；B 纱 RGB（0，0，0）；C 纱 RGB（224，224，224）；D 纱 RGB（196，128，0）；E 纱 RGB（194，0，0）；F 纱 RGB（0，90，146）；H 纱 RGB（200，200，200）。

调色结束即生成织物模拟图（彩图 9-19），保存织物模拟图文件：/ 双层色织物 / 仿样 / s2.fab。

4. 系列配色设计　变化经纬向色纱颜色，生成其他 3 个配色织物模拟图，分别保存模拟图文件。

5. 编辑打印设计文本　将上机图、系列配色织物模拟图在 Word 中编辑、保存并打印输出。

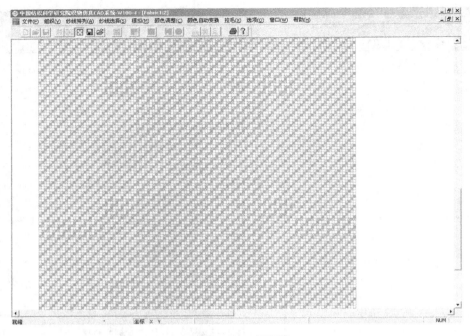

图 9-18　组织图

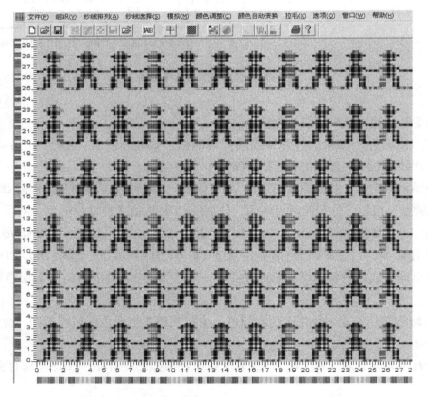

彩图 9-19　表里换层双层织物"机器人"CAD 模拟图

[设计实训]

应用"双层织物仿真 CAD"软件设计表里换层双层色织物，要求编辑、保存设计文本，包括织物组织图、系列配色织物模拟图。

[设计参考] 表里交换双层色织物设计实例

配合纹样及表里经纬纱原料品种、纱线结构、色纱排列、排列比及密度等的变化，可获得花式效果变化丰富的双层色织物（彩图 9-20）。在设计多臂织机织制的小花纹双层织物时，要注意最多所用综页数不能超过织机的最大综页范围。

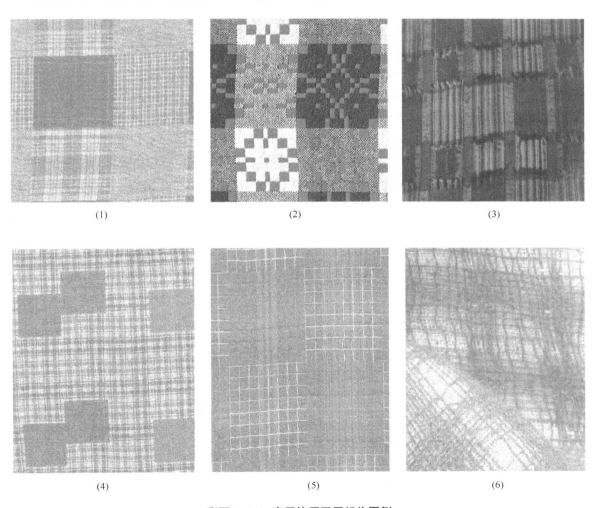

(1)

(2)

(3)

(4)

(5)

(6)

彩图 9-20　表里换层双层织物图例

项目 10　色织物小样试织

[**项目任务**] 根据织物 CAD 设计文本，使用织物小样机织制色织物小样。
[**知识目标**] 熟悉半自动多臂小样机的结构与工作原理，并掌握其操作使用方法。
[**能力目标**] 能够应用半自动多臂小样机织制色织物小样。
[**设计指导**] 多臂小样织机的操作使用

　　根据设计的织物参数，在小样机上试织出织物小样（俗称手织样、手掌样），是直观体现色织物、小提花织物设计效果的一个重要手段。由于织物小样不仅显示设计产品的外观视觉效果，更是体现原料品种、纱线色泽色光、织物内在结构、手感风格等的真实的织物，因此，在某些方面是 CAD 织物模拟图无可替代和不可比拟的。在织物设计的前期，尤其在确定设计方案之前，通过织物 CAD 可以快速而且大量地给客户提供设计图稿，这主要以展示织物花型与外观特征为主，待花型确定后，往往需要提供进一步的小样实物。在客户对织物品质要求越来越高的今天，最终的订单常常在很大程度上取决于织物小样。因此，织物小样试制仍然是现代织物设计人员必备的一项专业技能，也是织物设计实训课程中的必修内容。

一、常用小样织机结构简介

　　常见小样织机有机械式小样织机、半自动小样织机和全自动小样织机几大类。主要区别是控制提综开口结构不同，机械式由机械构件传动控制，半自动由电磁或气动控制，全自动除了气动控制开口外还能自动打纬。以半自动小样织机为例，其结构包括 1 送经装置、2 手动选纬装置、3 手动卷取装置、4 自动开口装置、5 纹板输入控制面板等装置，如图10-1 所示。

二、小样织制的基本步骤

　　1. 小样工艺设计　小样工艺主要包括织物主要结构参数（如经纬纱线原料与结构、织物经纬密度、

图 10-1　半自动小样织机构造

经纬色纱排列、组织结构）、穿综工艺（如筘号、穿综穿筘方法）、纹板图等。

（1）设计织物花型，确定组织结构。

（2）根据织物用途等特点，确定经纬纱线组合。

（3）根据织物风格特点，参考类似织物，设计织物小样的经纬密度。

（4）根据经密，选定小样织制的筘号。

筘号与小样经密（地布）的关系可用以下经验公式：

$$筘号（英制）= \frac{坯布地布经密（英制）-A}{地布每筘穿入数} \times 2$$

其中：$P_j < 50$（根/英寸）时，A 取 3；$P_j=50 \sim 100$（根/英寸）时，A 取 4；$P_j>100$（根/英寸）时，A 取 5。

（5）根据织物经纬密度和花型条格宽度，设计经纬向一花循环色纱排列根数。

经向色条纱线根数 = 经密 × 色条宽度，经向一花根数等于经向一花中各色条根数之和；

纬向色条纱线根数 = 纬密 × 色条宽度，纬向一花根数等于纬向一花中各色条根数之和。

（6）设计组织，画出连边上机图；或画出纹板图，说明穿综穿筘方法。注意标注明确色纱与组织的配合关系。

2. 经纬纱线准备

（1）计算经纱绕纱量　根据小样织制宽度，计算全幅花数和不同经纱所需根数，从而决定整经绕纱的花数或不同经纱的绕纱圈数。

①根据小样宽度要求及经密，概算全幅内经根数、边经根数。

内经根数 = 经密 × 小样内幅宽，小样布边一般取 0.5 ~ 0.8cm，边经密度不小于布身密度，根据边经穿入数与布身地经穿入数关系，计算边经密度，进而概算边经根数，一般取边经穿入数的整数倍。

②计算全幅花数　全幅花数 = 内经根数 / 经向一花根数，取整数部分。

③写出全幅经纱排列顺序，注意尽量符合劈花要求。

④计算全幅每种经纱的根数，决定整经绕纱圈数。

某色纱根数 = 一花中该色纱根数 × 花数 + 加头中该色纱根数

（2）选纱或染纱　到纱库选取所需色纱，或按照要求投染色纱。

（3）整经　根据计算的全幅花数及每种色纱根数，整经绕纱。每种色纱适当多绕数圈备用。整经可采用下列方法之一进行。

①用摇纱机。按计算的每种色纱的根数，在摇纱机上分别卷绕各色纱所需圈数。采用这种整经绕纱方式时，经纱没有按照花型排列，需要在穿综时按经纱顺序抽取所需色纱。

②用整经木板。整经木板上安装有若干个绞钉，按照全幅经纱排列顺序将各色经纱依次环绕在各绞钉之间。整经时注意做好色纱的分绞，使经纱依次按花型排列，穿综时依次取纱便可。

（4）纬纱准备。将选用的纬纱分别络纬（卷绕在纤子上），然后将纤子装入梭子中。注意络纬时纱线卷绕不能过松，以避免纱线从纤子上卸下；也不能过多，致使过于肥大的纤子装不进梭子，或造成纱线浪费。

3. 经纱穿综

（1）经纱上轴。将经纱一端拴于小样织机后部的经轴辊上，或吊接在小样织机上端的经纱吊钩上，另一端夹持在经纱夹板中，待穿综。注意调节经纱夹板松紧度，使穿综时经纱易于逐根有序抽出，不会因过紧而拉断，也不会因过松而抽乱。

（2）穿经。按设计的穿综图、穿综顺序，在织样机上依次将全幅经纱穿入综丝，注意色纱的配合。

（3）穿筘。按设计的经纱穿筘工艺，将经纱穿过筘齿。花筘产品要注意每筘穿入数的变化。

4. 纹板输入

半自动和全自动小样机没有纹板，其提综信息是直接从小样机的电子控制面板输入。下面是以某型号半自动小样机为例的纹板信息输入步骤。

（1）打开电源，进入控制面板人机界面主画面进行操作，按"向前"键与"向后"键，执行综框提综，如图 10-2（1）所示。

（2）按"编辑"键进入"书写纹板"画面，依次输入纹板总行数及每行纹板信息进行工艺设定，如图 10-2（2）所示。

（3）设定完成后按"保存"键，进入下图，按"保存至纹板"，结束按返回主画面，如图 10-2（3）所示。

（4）按"调用"键进入下一个画面选择所需的纹板图，如图 10-2（4）所示。

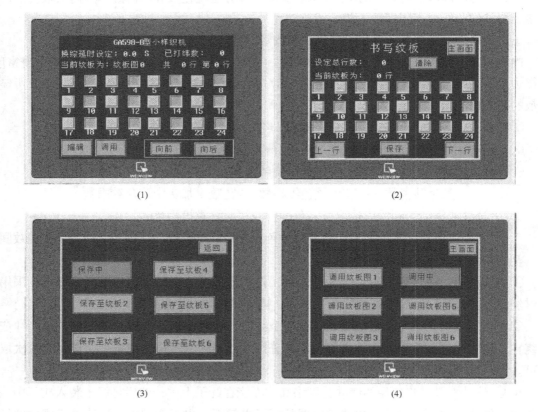

图 10-2　半自动小样机的纹板信息输入

5. 上机织制

（1）理纱，接头上机。将经纱理顺、理直，然后将导布辊上的引线经过胸梁与经纱对接。注意全幅经纱张力均匀一致。

（2）调整经纱张力。可通过调节后梁的高度等，使经纱张力适宜、梭口清晰。

（3）投纬织造。可先试织一小段，检查经纱排列花型、穿综穿筘是否正确，如发现有误，及时更正。织制时注意纬密的控制，要求织物符合设计的纬密要求，并纬密均匀；注意布边和布面的平整；织制过程中注意观察布面，如出现疵点，可及时拆退更正。

6. 了机，清理现场　织制完成后，剪断织物两端经纱，取下织物，修剪多余纱头，平整布面。需要的话，可对织物进行适当的整理、熨烫。最后关闭机器，清理织机和现场。

[设计实训] 运用色织 CAD 软件设计一小提花色织物，编辑并彩打输出设计工艺文本，包括上机图、纹板图、纹板输出信息、穿综顺序以及织物模拟图；按设计文本方案织制色织小样。（注意：此版本软件中的工艺文件不包括布边，小样工艺需要再自行加入布边组织及其工艺。）

[作业选例 6] 作品名称：跳格子，见彩页 7 和彩页 8。

下篇 纹织 CAD

纹织物是大提花织物的简称，通常指在大提花机上织造的具有大型花纹的织物。纹织物设计的主要内容包括整体设计、纹样设计、织物结构参数设计、装造与纹织工艺设计、意匠与纹板设计等。其中，意匠与纹板设计也称纹制工作，主要是根据纹样和组织配置编辑意匠图，意匠图体现了纹样和组织结构相结合的过程，是轧制纹板或形成纹板文件的依据。传统的纹制工作主要是手工在意匠纸上将纹样放大并填入相应的组织（或代表组织的色彩），然后按意匠图上纵、横格子的颜色符号或纹板轧孔法的说明，进行纹板轧制，比较费时费力。目前，业内已广泛应用纹织 CAD 软件编辑意匠生成纹板文件，完成纹制工作既方便又省时，极大地提高了纹织物的开发效率。

根据来样面料或花稿进行纹织物 CAD 设计制版主要包括以下步骤。

（一）来样分析

在进行纹织 CAD 处理之前，首先要对来样面料或花稿进行分析，确定该纹织物的织造方法、花样放置方向、单位循环—花经线数和纬线数、织物包含的不同组织以及其他织造工艺参数等。

（二）扫描输入

将来样面料或花稿放在扫描仪中按一定方向摆正位置，启动扫描仪进行输入。若一次扫描无法完成，需经过多次扫描后再拼接完整。

（三）拼接、接回头

被分成多次扫描输入的面料或花稿，在处理前必须先对它们进行拼接，拼成一幅完整的原稿。

一般纹织物的幅宽与幅长是较大的，但在整个幅面中，存在着一个四方连续的小单元，整个幅面就是由这个小单元在水平与竖直方向上不断重复而形成的，这个循环小单元称为一个"回头"。处理中一个很重要的步骤称"接回头"，就是在循环中找出一个回头，且将回头之外的剩余部分除去，留下完整的一个回头，此回头经过连晒（在水平、垂直方向重复若干个回头）后，便形成完整的一幅花稿。

（四）分色、并色

扫描输入图像的要经过分色并色转换为软件可识别的有限种颜色。分色处理有常规分色和自动分色两种。

常规分色，就是将花稿中颜色相近的点归并到事先规定好的最终色号上，一般用于扫描花稿的分色处理。先由用户指定什么样的颜色为几号色，如白色为 0$^\#$，红色为 1$^\#$，…，然后将花稿中接近白色的归为 0$^\#$，接近红色的归为 1$^\#$，…，依此类推，这样分色后的图样大体上已经接近理想状态，但有些局部范围不符合要求，通过去杂散点、光滑处理、局部修改等方法来描稿。

自动分色一般用于扫描布样的分色，计算机自动将扫描中的颜色分成若干个色号，并且将相近的颜色归并到一个色号中去。之后，再自定义调色板（色号与颜色的对应），对布样花型循环单元中不同组织部位用不同色号进行描稿，形成一个循环单元纹样。

（五）编辑修改

编辑修改的过程，就是熟练运用软件所提供的作图工具及菜单项功能，对扫描分色后进行修复或描画。对于扫描花稿，要根据花稿的构成色块进行修复，去除杂散点、局部修改等；对于扫描布样，则根据布样花型循环中所包含的不同组织用不同色号进行重新描画。编辑修改工作虽然比较简单，是如何更快更好地完成描稿工作，通过熟悉编辑工具和菜单功能，还是有窍门可寻的。

（六）调整尺寸

在织造工艺确定之后，一个回头的花样所要用的经线数（纹针数）与纬线数（纹板数）是固定的。经扫描输入和接回头处理的，在计算机中也有一定的尺寸，往往用像素点表示，指明图像有多宽（经线数）多高（纬线数），这个数字往往与织造工艺中所确定的数字不符。经过调整功能，将调整到规定的纹针数和纹板数。

（七）工艺处理

工艺处理操作人员熟悉纹织专业知识，熟悉织物组织以及提花机装造、织物结构表现等方面的知识。工艺处理包括间丝处理、勾边处理、包边处理、组织处理等。

（八）生成意匠与纹板文件

在调整尺寸、工艺处理完成后，要紧密结合提花机的装造情况设计纹板样卡，输入所有的不同组织建立织物组织库，输入纹样中色号与相应组织结构对应关系，最后生成意匠纹板文件输出。

项目 11　纹织 CAD 软件基本操作

[**项目任务**] 应用纹织 CAD 软件进行纹样设计、意匠与纹板文件设计。

[**知识目标**] 熟悉纹织 CAD 软件的基本功能，掌握意匠编辑处理的方法和纹板文件设计的过程。

[**能力目标**] 能够熟练应用纹织 CAD 软件进行纹织物意匠与纹板的设计。

[**设计指导**]

目前，国内外用于纹织物设计的软件很多，虽然设计界面不同，也各有优缺点，但软件主要功能和最终输出设计文件（如纹板文件等）的格式一般是一致或可以相互转换的。本书主要以浙江大学光仪恒天纺织科技有限公司纹织 CAD 系统（TOP 系统）为例，介绍纹织 CAD 系统界面及软件主要功能和基本操作。

一、纹织 CAD 系统界面介绍

打开软件进入用户界面，会出现如彩图 11-1 所示的界面（图中显示的是打开了一幅图像以后的情形）。

1. **菜单**　彩图 11-1 所示的是主菜单，其每个菜单项下还有子菜单。

一般情况下，菜单文字是黑色的。若某菜单项变灰，则表示该菜单项在当前状态下禁止使用。

2. **笔宽粗细**　在"工具信息"控制条中。

3. **工具**　是系统提供给使用者来编辑修改图像的工具。

4. **滚动条**　用来显示当前窗口（工作区）内所显示的图像部分在整个图像中所占的比例和位置，分上下和左右两个方向的滚动条。

5. **状态条**　显示当前操作的一些状态信息及必要的帮助信息，如当前光标所在之处的颜色色号及其 R、G、B 值、当前操作功能的操作提示、当前操作的进程、当前光标在图像中的位置、当前的时间等。

6. **当前色号**　显示当前进行编辑修改所使用的色号值，称为当前色。用当前色画线、填色等操作。

7. **色带**　有时也称为"调色板"，是对图像进行编辑修改所用到的工作色，分上、下两条。

8. **工作区**　即显示图像及进行编辑修改等操作的窗口区。本系统可同时打开多幅图像，并依次显示在工作区；只有点亮标题框（即标题框变为蓝色）的窗口才为当前活跃窗口，才可以进行编辑修改操作；其他窗口（标题框为灰色）只有变为当前窗口后，才能操作。将不活跃窗口变为活跃窗口的方法是：在该窗口上按下左键。

彩图 11-1 纹织 CAD 系统界面

二、工具条

1. 标准工具条 如图 11-2 所示，标准工具条中包含了 12 个控制按钮。

控制按钮具有、禁止、弹起、按 F 三种状态。禁止状态下按钮呈现灰色，此时按钮不可被点击；按钮被按下，该图标呈凹陷状态，它表明程序的一个状态。在弹起状态下，可以点击按钮来执行命令。

图 11-2 标准工具条

（1）创建新图像。新建一个图像，等同于菜单命令"［文件处理］→［新建图像］"，快捷键为"Ctrl + N"。

（2）打开图像。打开一个图像，等同于菜单命令"［文件处理］→［打开图像］"，快捷键为"Ctrl + O"。

（3）保存图像。将当前图像保存到硬盘上，等同于菜单命令"［文件处理］→［保存图像］"，快捷键为"Ctrl + S"。

（4）取消。取消上一步，等同于菜单命令"［编辑处理］→［恢复操作］→［取消上次操作］"，快捷键为"Ctrl + Z"、"Alt + BackSpace"。

（5）重做。恢复最近取消的操作，等同于菜单命令"［编辑处理］→［恢复操作］→［恢复取消操作］"，快捷键为"Ctrl + BackSpace"。

（6）从文件中恢复。从图像文件中恢复所选择的区域，等同于菜单命令"［编辑处理］→［恢复操作］→［从文件中恢复］"，快捷键为"Ctrl + F"。

（7）整幅显示。根据图像大小自动确定放缩比例，把图像整个显示在当前窗口中，等同于菜单命令"［窗口显示］→［整幅显示］"。

（8）实际大小。以图像的实际大小（1∶1）显示，等同于菜单命令"［窗口显示］→［实际大小］"。

（9）整体效果。显示或隐藏图像的整体效果对话框，等同于菜单命令"［窗口显示］→［整体效果］"。

（10）全调色板。显示或隐藏图像的全调色板对话框，等同于菜单命令"［窗口显示］→［全调色板］"。

（11）合单起。指明当前编辑工具的状态。按钮若处于检查状态（被按下），表示工具处于单起状态，所有的编辑操作只对纹样的单起点有效，而双起点不受影响。例如，在合单起状态以红颜色在屏幕上画圆，则画上去的点全是单起点，在双起点上仍然保持原来的白色。所谓单起点，是单数横直格相交的点，或是双数横直格相交的点，俗称"逢单点单"或"逢双点双"；而双起点，是单数横格与双数直格相交的点，或是双数横格与单数直格相交的点，俗称"逢单点双"或"逢双点单"。

（12）合双起。指明当前编辑工具的状态，与"合单起"刚好相反，按钮若处于检查状态，表示工具处于双起状态，所有的编辑操作只对纹样的双起点有效，而单起点不受影响。

"合单起"与"合双起"按钮不可能同时被按F。

2. 组织工具条（图 11-3）　组织工具条负责对样卡和组织库的管理和操作，包含有 14 个按钮，前 2 个按钮是关于样卡的操作，后 12 个是关于组织的操作。

图 11-3　组织工具条

样卡是轧纹板时的模板，它指定了各纹针、辅助针等在纹板上的固定位置，设计样卡是生成纹板数据之前必须要做的工作。织物组织是纹织物设计过程中的要素，而且在同一个花样中，所要处理的组织有多个甚至几十个。可用组织工具条对花样所涉及的所有组织进行管理，形成当前纹样的组织库。

3. 工具信息（图 11-4）　工具信息控制条中包含了一个滚动控制项，

图 11-4　工具信息

它用于设置和显示当前图像中编辑工具的当前笔宽，它将影响"画笔""直线""曲线""喷枪"编辑工具的笔宽粗细。

4. 调色板信息（图 11-5）　界面左下角"上下色带"显示调色板信息，指明当前纹样所用的色号与颜色的对应关系，色号从 0 开始编号。控制条分上下两条色带，上条色带称作"选择色带"，下条色带称作"保护色带"，上下色带的色号排列是一致的，每个按钮都有凸起和凹陷两种状态。色带右边一个比较大的颜色框按钮指明当前色号。

图 11-5　调色板信息

根据不同的功能，使用色带的方法不相同。一般在上条色带中选择"透明色"或"操作色"，在下条色带中选择"保护色"。"透明色"是指对当前操作来说，该色好像"不存在"一样，即对使用者是"透明"的（通常是对操作的"源区域"来说的）；"操作色"是指执行当前功能所操作处理的颜色；"保护色"是指当前的操作不能破坏或覆盖的颜色（通常是对操作的"目标区域"来说的）。

色带中的每种颜色从左至右编号，依次为 0、1、2……，所以，有时也称某种颜色为某号颜色。系统默认 0 号色称为"底色"。

调色板信息是图像中很重要的信息，花样上的某个色块可称之为"××颜色"，也可以称之为"××色号"，但色号是固定不变的，颜色可以随时变化。

5. 状态条　状态条用来显示应用程序的状态信息，状态条被分隔成四个区间。

第一个区间用来显示程序操作提示信息，用户将光标置于某个菜单项上，这里将显示该菜单命令的提示信息。提示信息包括该命令的功能及使用方法、注意事项等。

第二个区间用来显示当前的光标位置点在纹样中的经线序号和纬线序号。如"$x=100$，$y=200$"表示当前光标位置的经线号为 100，纬线号为 200。

第三个区间用来显示当前光标位置点上的色号和颜色 RGB 值。如"I=4，R=255，G=255，B=0"表示光标所在点上的色号为 4，颜色值为 RGR（255，255，0），即为黄色。

第四个区间显示计算机当前的系统时间，如"9:00 PM"表示晚上 9:00。

三、对话框

1. 全调色板对话框（彩图 11-6）　前面所说的调色板工具条中所显示的色号，只是当前纹样所要用到的色号与颜色，但是一个图像所能表达的色号数远不止这些。一个 8 位图像能

表达 2^8=256 个色号，4 位图像能表达 2^4=16 个色号，1 位图像只能表达 2 个色号，而"全调色板"对话框显示所有能表达的色号。调色板工具条上最多能显示 32 个色号，而且它所显示的色号数必须是全调色板的一部分或全部，不能多于全调色板中的数目。

在全调色板上，可以在某色号上单击左键来选择号数超过 32 的色号为当前色号。

2. 整体效果对话框（彩图 11-7） 如果图像总体尺寸很大，或者由于图像放大使得整个图像不能在屏幕上一次性完全显示，若要查看或编辑图像被显示之外的部分，那么必须通过窗口滚动，逐步地移动到指定位置后再进行编辑。"整体效果"对话框就是将图像按比例缩小后完全地显示在对话框中，对话框中有一个小矩形，标志着当前图像在窗口中显示的部分。在对话框的指定位置单击鼠标左键，则小矩形被移动到当前位置，同时图像窗口中所显示的图像部分也被更新为当前位置的花样部分。所以"整体效果"对话框的作用，一是查看图像的整体效果，二是改变当前窗口中所显示的图像位置。

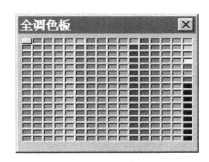

彩图 11-6 全调色板对话框

彩图 11-7 整体效果对话框

模块 11-1 工具的应用

[工作任务]运用纹织 CAD 软件系统中的工具进行纹样设计和图像编辑修改。

图 11-8 工具

[设计指导]

对图像进行编辑修改的功能包含在工具栏和在菜单项命令中。

打开软件，屏幕上会出现"工具"控制条，如图 11-8 所示，它被排列成三列八行，控制条上的各个按钮代表一种编辑工具。

下面具体介绍各种编辑工具的功能及操作方法。

1. 区域形状选择工具 选择一个矩形或多边形区域，双击左键或按空格键选择参数设置（图 11-9）。

2. 画笔工具 用当前笔宽和前景色在图像上任意涂画。无参数设置。

在下条色带上选择要保护的颜色。

3. 连续直线工具 ▨ 用当前笔宽和前景色画连续的直线，双击左键或按空格键选择参数设置（图 11-10）。

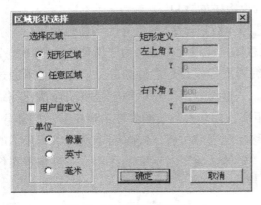

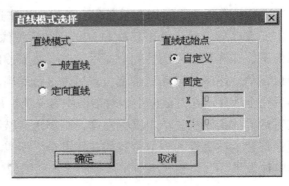

图 11-9 区域形状选择　　　　　　　图 11-10 直线模式选择

4. 连续曲线工具 ▨ 用当前笔宽和前景色画一系列由曲线段组成的曲线。其参数设置对话框如图 11-11 所示。

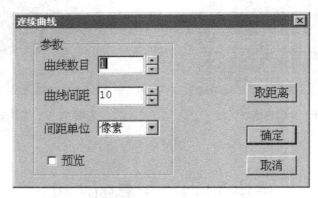

图 11-11 连续曲线

5. 连续圆弧工具 ▨ 用当前笔宽和前景色画一系列圆弧。本工具无参数。

6. 喷枪工具 ▨ 该工具用于产生疏密、大小不同的泥点效果，参数设置如图 11-12 所示。

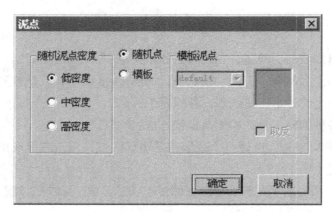

图 11-12 泥点

7. 橡皮 1 工具 擦去选中的颜色, 用周围色填充。无参数。

8. 橡皮 2 工具 用当前色擦除或替换图像。参数设置如图 11-13 所示。

图 11-13 擦除方式

9. 区域变色工具 将所选择的多边形区域内的某些颜色变成其他颜色。参数设置如图 11-14 所示。

10. 区域填色工具 用当前色填充某些区域。参数设置如图 11-15 所示。

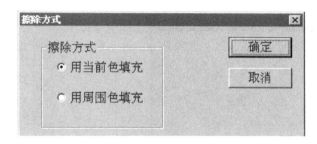

图 11-14 区域变色工具

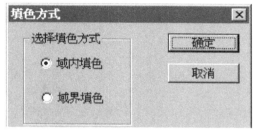

图 11-15 区域填色

11. 几何图形工具 用当前笔宽和当前色画规则几何图形。参数设置如图 11-16 所示

图 11-16 几何图形

12. **文字工具**  用当前色输出任意字体、方向和大小的文字。单击鼠标右键，出现参数设置（图 11-17）。

图 11-17　文字输出

13. **开刀定位线工具** 选择开刀定位线。该功能用于接回头时的移动操作。无参数。

14. **区域拷贝工具** 将所选中的区域内的图像复制到另外的地方。参数设置如图 11-18 所示。

图 11-18　区域拷贝

15. **区域镜像工具** 将选择区域内的图像按某一对称轴镜像到另外区域内，无参数。

必须预先选择一个矩形或多边形区域。在上条色带中选择透明色，在下条色带中选择保护色。单击左键确定对称轴的起始点，移动并修改对称轴，同时系统将对称的区域框预显出来。再单击左键确定对称轴，完成镜像。如此重复。

16. **云纹工具** 生成云纹图像。参数设置如图 11-19 所示。

17. **图像笔工具** 用所选中的图像笔来拷贝。无参数。

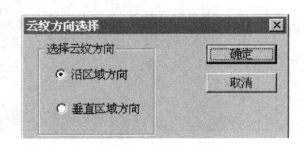

图 11-19　云纹方向选择

18. 撇丝工具 🖎　画单个撇丝。参数设置如图 11-20 所示。

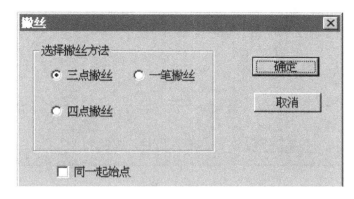

图 11-20　撇丝

19. 撇丝簇工具 🖎　产生一组撇丝。参数设置如图 11-21 所示。

图 11-21　撇丝簇

20. 毛毛虫工具 🖎　画一连串的带有规则图案的曲线。参数设置如图 11-22 所示。
21. 剪刀工具 🖎　截取或添加图像的边界部分。参数设置如图 11-23 所示。

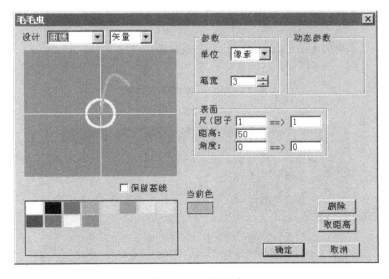

图 11-22　毛毛虫

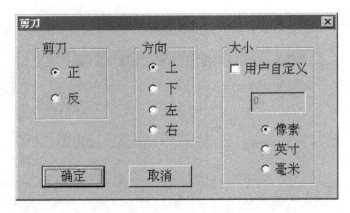

图 11-23　剪刀

22. 区域泥地云纹工具 在设定的封闭区域里，用泥地或云纹填充。参数设置如图 11-24 所示。

23. 手动块勾边工具 在设定 通过用户手动输入，对色块进行勾边，使符合工艺要求。参数设置如图 11-25 所示。

勾边块宽度和高度分别表示勾边块的经线数（宽度）和纬线数（高度）。

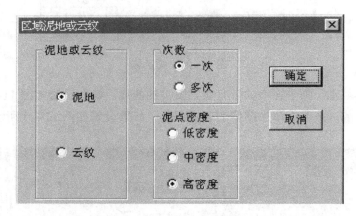

图 11-24　区域泥地或云纹

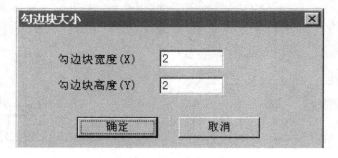

图 11-25　勾边块大小

[**设计实训**] "工具"应用训练

在新创建的图像 A（经线数 800，纬线数 500）里完成下列操作练习后，保存到文件夹"/工具"，文件名：图像 A.bmp。

1. 选择区域　练习矩形区域和任意区域的选择。

2. 画笔　用画笔画一简单图形（笔宽 3，色号 2）。

3. 直线

（1）在任意位置画一条一般直线（笔宽 4，2 号色）。

（2）以（20，30）为起点画一条一般直线（笔宽 4，3 号色）。

（3）以（200，300）为起点用笔宽 4 画定向直线（水平线用 4 号色，垂直线用 5 号色，45° 斜线用 6 号色）。

4. 连续曲线

（1）画一条连续波纹曲线（2 号色，笔宽 2）。

（2）同时画 3 条间隔为 10 个像素的波纹曲线（1 号色）。

5. 连续圆弧　画 3 个连续的圆弧（1 号色）。

6. 喷枪

（1）用中密度的随机点画泥点（4 号色）。

（2）用模板画泥点（5 号色）。

7. 橡皮 1　用底色擦除 3 ①中用 2 号色画的任意直线。

8. 橡皮 2

（1）用底色擦除 3 ③中用 4 号色画的定向直线。

（2）将 3 ③中用 6 号色画的定向直线换成 3 号色。

9. 区域变色

（1）用 4 号色填充 4 ①用 2 号色画的连续波纹曲线。

（2）用 5 中圆弧的周围色（底色）擦除圆弧 5。

10. 几何图形

（1）画一半径为 100 像素的空心圆（笔宽 5，7 号色）。

（2）圆内画一外接圆半径为 40、旋转 30° 的空心三角形（5 号色）。

11. 区域填色

（1）域内填色　将 10 ②中空心三角形内填上 7 号色。

（2）域界填色　将 10 中 7 号色图形间的颜色填成 6 号色。

12. 文字　在空处写"纺织学院"。要求：30°，行楷字体，斜体，大小为 20，"纺织"用 1 号色，"学院"用 2 号色。

13. 区域拷贝　将"纺织学院"取在矩形区域内。

（1）将"纺织学院"水平垂直镜像复制。

（2）旋转一定角度后复制"纺织"。

（3）将"学院"放大后复制。

14. 区域镜像 将"纺织学院"取在矩形区域内,间隔一定距离自选一角度进行镜像。

15. 图像笔

(1)取 6②中用模板画的泥点为图像笔,在它下方复制。

(2)将 11②中 6 号色用新建笔铺作底纹。

16. 撇丝 笔宽取 8,画三点撇丝、四点撇丝、一笔撇丝。

17. 一组撇丝 取 6 号色任画花形块面。

18. 毛毛虫 在"毛毛虫"工具框内设计一简单图形单元后画到图像 A 中。

19. 剪刀 增加图像 A 的区域尺寸到(1000,600),再剪成(900,550)。

20. 区域泥地云纹

(1)画一区域泥地(三次)。

(2)画一区域云纹。

模块 11-2 纹样设计

[**工作任务**]应用纹织 CAD 软件菜单功能进行纹样设计与处理,包括图像输入、修改、编辑与工艺处理等。

[**设计指导**]"文件处理"、"编辑处理"、"工艺处理"菜单功能应用。

打开软件系统,在建立一个新文档(新建图像或打开图像)之后,主菜单栏上的菜单项有八个:"文件处理""编辑处理""图像处理""工艺处理""输出处理""打印处理""窗口显示""帮助"。激活菜单项将弹出二级菜单,每个二级菜单上列出若干项目,项目末尾标有"▶"的则还包含三级菜单。打开二级菜单后,用鼠标左键单击有关项目,或用键盘键入代表该项目的英文字母(菜单项中带下划线的英文字母),均可以打开三级菜单或执行相应的命令。有些菜单命令还有相应的快捷键方式,快捷键标在菜单项中,直接按快捷键可以执行相同的命令。图像输入、修改、编辑与工艺处理是纹样设计的主要过程,也是纹织 CAD 制板的重要环节。

一、文件处理

1. 新建图像(Ctrl+N) 创建一幅新的图像。选择该菜单项后,出现对话框供选择有关参数(图 11-26)。

2. 打开图像(Ctrl+O) 打开一个已存在的图像文件。在标准的文件打开对话框中有"图像预显"这一项,能够方便地在图像打开之前浏览到该图像的概貌。

3. 关闭图像(Ctrl+F4) 关闭当前新建或打开的图像。

4. 手动拼接 将两幅图像用手动方式拼接起来。该菜单项有左右拼接和上下拼接两个子菜单。

当选择其中一种方式后，出现对话框提示输入左右（上下）侧图像文件名。
然后系统会出现提示框（图 11-27）。

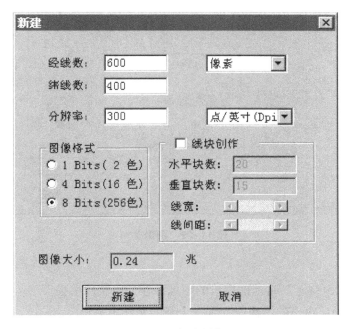

图 11-26 新建图像

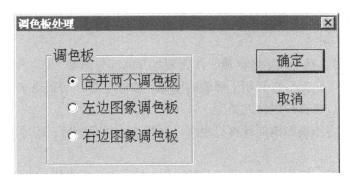

图 11-27 调色板处理

（1）合并两个调色板。将两幅图像中的相近颜色进行归并，使得合并后的图像总的颜色数不超过 256 种。

（2）左边图像调色板。合并后的图像调色板取左边图像的调色板。

（3）右边图像调色板。合并后的图像调色板取右边图像的调色板。

5. 自动拼接　将分开扫描存放的一幅图像的两部分拼成一幅完整的图像，并自动将图像进行校斜和截去多余部分。该项功能也有左右拼接和上下拼接两个子菜单项。

6. 图像叠加　在当前图像上叠加另外一幅图像（或其中某几套色）。先打开要进行叠加处理的图像，然后执行该菜单命令，并选择叠加的图像文件名，则出现对话框（图 11-28）。

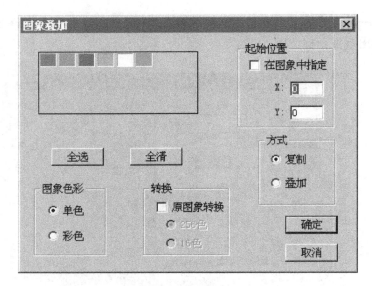

图 11-28　图像叠加

7. 保存图像（Ctrl+S）　将当前窗口的图像保存到原文件中去。

8. 另存为　将当前窗口的图像保存到一个新的文件中去。

9. 部分打开图像　由于大幅图像占用的内存空间较大，对它进行编辑修改时，计算机速度较慢，我们可以打开大幅图像中的部分进行修改，修改完毕后再存回父图像中。

执行该菜单命令后，系统出现输入文件名对话框；选择好文件名后，整幅图像预显在窗口中，如图 11-29 所示。

用鼠标在窗口中选择一块矩形区域，作为要打开的部分图像。

10. 存入父图像　将部分打开用于修改的图像，按原位置存回到原来的父图像中去。

11. 选择扫描仪　选择扫描仪的类型。

12. 扫描图像　将原稿扫描到计算机中来。执行该菜单命令后，程序将调用扫描仪自带的扫描程序模块。

13. 扫描图像调整　扫描图像的宽度（经线数）与高度（纬线数）往往不符合用户的要求，必须按照织造工艺的要求进行调整。对扫描的真彩色图像，可以调用此功能项。执行该菜单命令，弹出对话框（图 11-30）。

14. 删除图像　删除不需要的图像文件。选中此项功能，出现选择文件名对话框，如同"打开图像"设置好文件名，然后按"删除"，即删除了所选择的文件。

15. 最近打开过的文件　依次列出最近打开过的几个文件名，选中其中一个，单击鼠标左键，即可再次打开此文件图像。

16. 退出系统（Alt+F4）　退出本系统，返回到 Windows 环境下。

图 11-29　图像预显

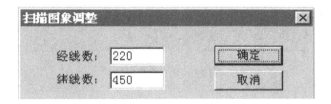

图 11-30　扫描图像调整经纬线数

二、编辑处理

1. 系统设置（F7）　设置有关系统参数，包括图像单位、笔形、Undo 机制、纹样起点设置等。执行该菜单命令后，出现对话框（图 11-31）。系统默认撤销操作次数为 5，如需改变，需预先修改 Undo 等级。

2. 恢复操作　对图像编辑操作进行取消，恢复到操作之前的图像状态。

3. 全部选择（Ctrl+A）　将当前选择区域定为整个图像大小，这样便取消了选择流动线框。

4. 拷贝图像（Ctrl+C）　将当前选择区域内的图像保存到剪贴板中去。

5. 粘贴图像　将当前剪贴板里的图像粘贴到图像中去。本菜单有产生新窗口和粘贴在原窗口两个子菜单项。

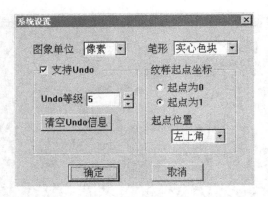

图 11-31　系统设置

6. 从…粘贴　从文件中粘贴图像到当前窗口中。具体操作与"粘贴图像"相同。

7. 调整图像　将当前窗口图像进行调整，包括图像大小、分辨率等。执行该菜单命令后，出现对话框（图 11-32）。

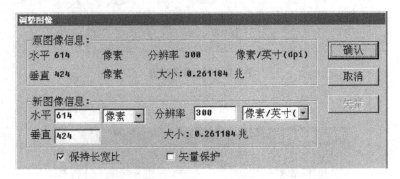

图 11-32　调整图像

8. 图像扩缩（F9）　扩展或收缩当前窗口图像的边界。如果是扩展，则用当前色填充扩展部分；若是收缩，则直接截去多余部分即可。选中该项功能后，出现对话框（图 11-33）。

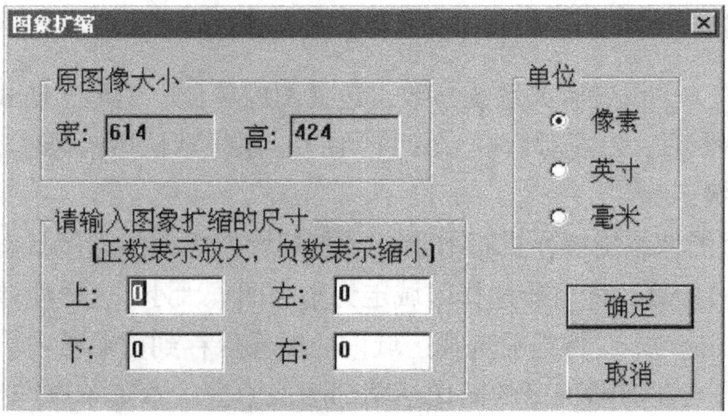

图 11-33　图像扩缩

9. 清除边界　将当前选择的矩形区域之外的部分全都清成当前色。执行该菜单命令前，先用选择工具选择一个矩形区域，框出图像的有效部分。

10. 矩形截取　将当前选择的矩形区域截取下来，形成一个新的窗口图像。执行该菜单命令前，先用选择工具选择一个矩形区域，框出图像的有效部分。

11. 多边形截取　将当前选择的多边形区域截取下来，形成一个新的窗口。当前窗口内的多边形之外的部分用当前色填充。执行该菜单命令之前，先用选择工具选择一个多边形区域，框出图像的有效部分。

12. 格式转换　转换当前图像的格式。该项功能具体可分为生成单色图像、单色→256色、16色→256色、256色→16色、提取云纹色五种。

13. 图像变换　进行图像的各种变换操作，如顺时针90°、逆时针90°、旋转180°、任意角度（图11-34）和水平翻转、垂直翻转、垂直斜拉。

图 11-34　输入角度

14. 方巾拼接　方巾拼接是对方巾这种特殊的样稿进行处理的功能，有45°旋转（图11-35）、水平镜像、垂直镜像、90°旋转四种功能。

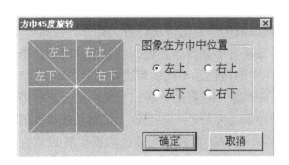

图 11-35　45 度旋转

15. 图像笔（Ctrl+Shift+P）　打开、保存或创建可用于底纹或画笔的图像。选中后出现对话框（图11-36）。

16. 压力笔　用压力笔进行创作。

17. 艺术汉字　插入特殊效果的艺术汉字。

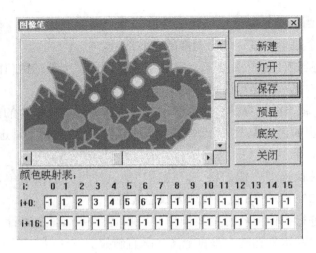

图 11-36 图像笔

此菜单功能采用插入 "Microsoft WordArt 2.0" 对象来实现。

三、图像处理

1. 调节 这里的调节仅对灰度或真彩图像有效，主要调节亮度、对比度以及灰度／颜色校正。

2. 图像的特殊效果 灰度和真彩图像特殊效果的处理，改变图像的显示效果。具体有模糊、锐化、浮雕、雕刻、霓虹、马赛克、油画和负片八个子功能。

四、工艺处理

1. 边界处理 对编辑修改后的图像边界进行有关处理，包括以下子菜单。

（1）外扩一线。在下条色带中选择边界色，当前色指定欲扩充色。边界色是指不能往其中扩充的色号；彩图 11-37 中的白色，不能成为边界色。

（2）内缩一线。在下条色带中选择边界色，当前色指定欲收缩色。

（3）边界复色。将某种套色向另外一些套色上扩出几线（类似与"外扩一线"，但一次可以扩多线）。在下条色带中选择边界色，当前色为要扩展的颜色，笔宽为复色大小。这里的边界色意义恰好与"外扩一线"相反，是指要往其中复色的色号。如彩图 11-38 中的白色，现在必须被选择，使成为边界色。

（4）边界分线。将某种套色（在遇到边界色时）收缩几线。在上条色带中选择要缩进的颜色，在下条色带中选择边界色，当前色为分线色，笔宽为分线大小（彩图 11-38）。

（5）包络线。将某套色的边界线（在全局范围内）勾出。在上条色带中选择一个操作色，当前色为包络线的颜色，笔宽为包络线粗细。与"边界分色"类似，但在边界分色中还必须指明边界色，而这里是在全局范围内勾出包络线。

彩图 11-37　外扩一线　　　　　　彩图 11-38　边界分线

（6）细化处理。将某种颜色的细茎均匀细化。当前色为要细化的颜色，笔宽为细化后的粗细，如图 11-39 所示。

（7）光滑处理。将当前图像进行平滑处理。当前色为要进行光滑处理的颜色。

（8）去杂散点。去除当前图像中的杂乱点。在下条色带中选择保护色（不要处理）。

2. 回头处理　处理有关回头的事项，有以下子菜单。

（1）定义方式。定义回头的方式，设置连晒方式（水平连晒和垂直连晒）和分数（接回头的方式，指明为几分之几的跳接，如图 11-40 所示）。

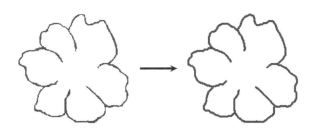

图 11-39　细化处理

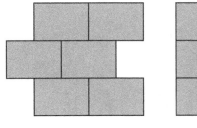

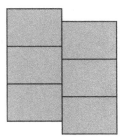

垂直、1/2跳接　　　　水平、1/3跳接

图 11-40　分数

（2）定义大小。定义回头大小。在对话框中输入"回头宽度"和"回头高度"。

（3）左右切割。切除图像左侧或右侧的小部分，使之成为四方连续。它类似于"左右拼接"的操作方式。

（4）上下切割。切除图像上侧或下侧的小部分，使之成为四方连续，同"左右切割"。

（5）左右预接。进行图像的左右回头预接。查看图像是否左右方向可接回头；可以在预接回头状态下进行编辑修改。

（6）左右预接返回。将进行左右预接的图像返回到原来状态。

（7）上下预接。进行图像的上下回头预接。查看图像是否上下方向可接回头；可以在预接回头状态下进行编辑修改。

（8）上下预接返回。将进行上下预接的图像返回到原来状态。

3. 接回头　在包含有一个完整回头的图像中截取一个完整的回头，能自动旋转校斜，有两个子菜单项。

（1）左右旋转。进行左右方向的旋转接回头。在图像的左右方向上找出相同的两点，以直线连接，这两点将作为同一点处理。这两点之间的水平距离就是水平回头大小。

（2）上下旋转。进行上下方向的旋转接回头。在图像的上下方向上找出相同的两点，以直线连接，这两点将作为同一点处理。这两点之间的垂直距离就是垂直回头大小。

如彩图 11-41 所示，直线的两端就是相同的两点。进行"旋转接回头"时，先进行"上下旋转"，再进行"左右旋转"。

彩图 11-41　接回头

4. 连晒（CTRL+F9） 将当前图像（一个回头）按照其回头方式和回头大小进行连晒，出现以下对话框（图 11-42）。

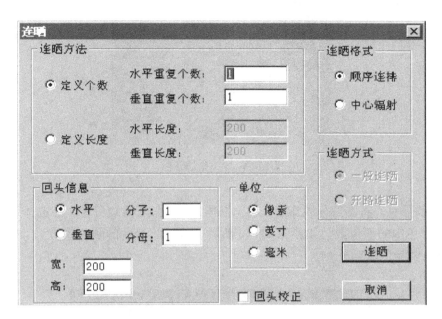

图 11-42 连晒

5. 调色板 操作图像的调色板，有以下子菜单。

（1）增加套色。给当前图像调色板增加颜色。增加非云纹色时，按快捷键"F2"；增加云纹色时，一整套云纹色用色带上的一个小色框来表示，左键双击修改套色中开始色，右键双击修改套色中的结束色。

（2）删除套色。对图像中的色号操作，不修改图像调色板（操作可恢复）。在下条色带中选择要删除的套色，这些被选择的色号变为当前色。

（3）归并套色。对图像调色板操作，归并调色板上的套色，图像中也色号相应地作修改（操作不可恢复）。在下条色带中选择要归并的套色，这些套色变为当前色。

（4）取调色板。将原先保存在文件中的调色板调入作为当前调色板。

（5）存调色板。将当前调色板保存到文件中 *.pal 文件。

6. 分色处理

（1）常规分色。先在图像中设置几个套色（中心色），然后，整幅图像按照中心色所代表的颜色进行分类。执行该菜单命令后，出现对话框（彩图 11-43）。

如图左上角是从原图像中选择的 7 个套色（中心色），按顺序依次是 0~6 号色。在原图像上选色，单击鼠标左键，在某颜色上拉一个矩形框；可以删除或全清中心色；可以存取中心色（颜色表）；选定中心色后，按"快速分色"。

彩图 11–43　常规分色

（2）云纹分色。将图像分成几套云纹，操作方法类似于常规分色。在选择云纹套色时，要指定云纹套色中的颜色数。如彩图 11–44 所示，非云纹套色的颜色数为 1；而红、蓝、墨绿三套云纹色中颜色数都是 64。

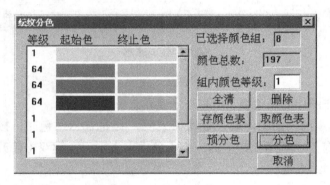

彩图 11–44　云纹分色

（3）自动分色。将当前图像的颜色自动分成用户所指定数目的颜色，最大颜色数为 223。自动分色之后，分出来的色号都在 32 号以后，前面 32 个色号保留给用户，用户可以自定义色号然后对图像进行全局修改。

（4）去背景色。去掉除工作色以外的背景色。

7. 间丝处理　提花织物纹样设计过程中，在平涂的花纹色块上必须加上组织点。这种组织点称间丝点。间丝点是用来压抑经线或纬线浮长过长的组织点。当经浮过长时加纬间丝点，反之，纬浮过长时加经间丝点。间丝点除压抑经纬线浮长外，还能增加织物牢度，提高花纹效果。间丝处理，就是根据织造工艺在纹样中把过长的浮长用组织点隔断。它有两项子菜单。

（1）自动间丝。解决纹样中遗漏的浮长问题，按所需的组织直接输入，用组织模式来进行间丝。可以采用斜纹、缎纹或其他有规律的织物组织作为间丝组织（图 11–45）。在平涂的花纹面积上分布间丝点，也称平切间丝，它具有纵横兼顾的作用，如图 11–46 所示。其织物组织分别为四枚斜纹和八枚缎纹。

自动间丝时需要的参数有以下几种：组织模式（用户先确定一个用于间丝的组织）浮长数（超过这一限度的纬浮长才用组织点间丝）和离间数（间丝点离色块边界的最小距离可以由离间数给出）三个参数。

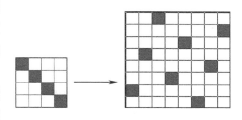

图 11-45 间丝组织

（2）浮长检测。根据用户输入的浮长上界，每隔一个浮长加一个经间丝点。但还需考虑上下纬之间经间丝点的分布情况。经间丝分为合单、合双与任意间丝，如图 11-47 所示。

浮长检测时需要的参数有：浮长数和间丝点要求。

（3）手动间丝。在花样设计过程中，用直线、B 样条曲线、画笔等工具，在确定了合单起或合双起的条件之后，用笔宽为 1 的笔随意创作，作出的效果都能达到活切间丝的效果要求，如图 11-48 所示。

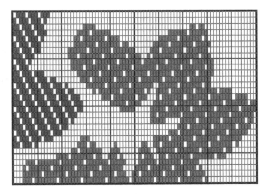

图 11-46 自动间丝

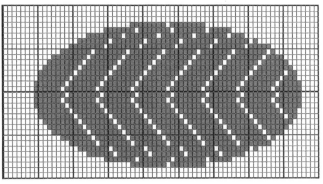

图 11-47 浮长检测

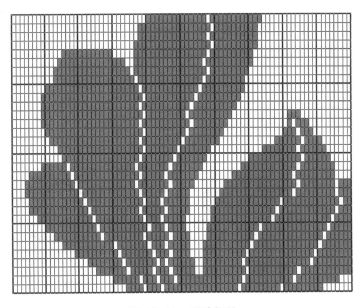

图 11-48 手动间丝

8. **勾边处理**　勾边是一种重要的织造工艺。绸面花纹的轮廓是由各根经丝的升降形成的，因此必须把花纹的轮廓曲线转化为组织点曲线。

TOP 系统提供了自动块勾边、平纹勾边、手动块勾边等功能来完成这些工艺要求。

（1）自动块勾边。在织造过程中，由于跨把吊、大小造等装造及某些组织结构的需要，在意匠图勾边时，纵横格数的过渡有一定要求，自动块勾边功能就是用来达到这一要求的，用户确定勾边块的针、梭数后，就可以在某一平涂色块边缘进行勾边处理。勾边前后对比如图 11-49 所示。

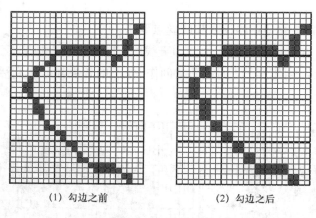

（1）勾边之前　　　　　（2）勾边之后

图 11-49　勾边前后对比

自动块勾边时需要的参数有：勾边块宽度（即块的经线数）和勾边块高度（块的纬线数）。

（2）平纹勾边。当纹织物的地组织为平纹时，为了避免花纹变形，勾边时要与平纹相配合（平纹组织除特殊情况外，不论织物是正织还是反织，在意匠图上均为单起平纹）。

平纹勾边（图 11-50）的分类如下。

①单起平纹勾边。适用于织造平纹地上起经花的勾边，勾边起始点应落在单数横直格相交的格子中，或落在双数横格相交的格子中，俗称逢单点单或逢双点双（即单起点），以后的横直向过渡均为奇数格。这样，使花纹轮廓的经浮点与地组织的纬浮点相接，不致产生花纹经丝的延伸而使轮廓变形。

②双起平纹勾边。适用于织造平纹地上起纬花的勾边，勾边方法与单起平纹勾边恰好相反，即勾边起始点是落在双起点上。

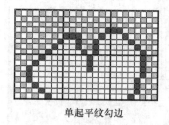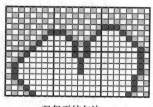

单起平纹勾边　　　　　　双起平纹勾边

图 11-50　平纹勾边

（3）手动块勾边。若在某些特殊边缘进行局部勾边修改，可以使用手动块勾边功能。手动块勾边功能是以工具的形式实现的，按照勾边块的针、梭数要求，自动定位在符合过渡要求的方框中。自动块勾边时需要的参数有：勾边块宽度（块的经线数即针数）和勾边块高度（块的纬线数即梭数）。

9. 组织处理　纹样设计必须与织物组织紧密配合，纹织物图案花样的形成是通过花、地不同的组织结构来表现的。各种不同组织相互配合可以实现织物表面显色与织纹的变化。

在系统的多个处理中，都需要用到：自动间丝功能，利用组织中的间丝点进行点间丝；组织模式覆盖功能，利用组织中的间丝点的信息（黑白组织）或小花样信息（彩色组织），对某种色号的色块进行覆盖，以达到铺设底纹，铺设组织点等效果；在输出组织纹版过程中，某种色号的平涂块面必须通过与某个组织对应，用以确定该平涂色块中，哪些点应该轧孔（即在提花机织造时经线要提升），而哪些点不应该轧孔。

（1）组织模式添加。新建或提取组织，类似于"组织工具条"上的"添加组织"功能按钮。增加用户可用的组织，可用来进行组织覆盖，也可添加到纹样当前组织库中，并且分配给一个组织号，用于色号组织对应。

（2）组织模式存储。将"组织模式对话框"中的当前组织保存到组织库文件中去，以供今后再次提取。

（3）组织模式覆盖。用某个组织覆盖某种色块。使得该色块区域内表现为该组织结构。组织模式覆盖有两种方式，当组织为彩色组织时，是用组织模式上的色号信息覆盖整个色块区域；当组织为黑白组织时，是在对应的经组织点（间丝点或"起"点）上用当前色覆盖，而在纬组织点（"不起"点）上保留原来的色号。

（4）组织对应关系。建立生成纹板时所用的"色号与组织对应关系表"，可以在以后的纹板输出过程中再来建立。

10. 包边处理　包边处理是用某种选定的颜色对某花色轮廓进行描绘。按工艺的不同可分为搭针包边和不搭针包边，按实际需要不同又可分为上包边、下包边、左包边、右包边和选择性包边。这些包边功能既可以对全局图案进行包边操作，也可以对图像的某个局部区域进行操作，如彩图 11-51 所示。

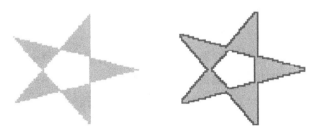

彩图 11-51　包边处理

包边操作有两种方式：一是在全局范围内，在色块的边缘进行包边；二是另外选择一种边缘色号。当该色块的边缘碰到该色号时在边界上包边，否则不包边。在调色板上色带选要包边色块弹起，所包的边的颜色为当前色；点"选择边界颜色包边"时，在下色带选边缘色块弹起。

注意，包边时，边是包在所选择色块的外围边界；若要使边包在色块的内部边界上，可以使用"工艺处理—边界处理—包络线"菜单功能。

11. 毛巾加针　织毛巾的用户，在生产实际当中，发现处理后的纹样往往不符合工艺织造要求，如彩图 11-52（a）所示，需要经手动修改为如彩图 11-52（b）所示。毛巾加针功能就是为毛巾生产的这一要求而添加的，它又可分为"毛巾两针加一针"和"三针加一针"两项子菜单。

"两针加一针"如下图中黑圆圈内的绿色号，有两针连在一起的情况，要采用白色号将两针分开，即在相连的两针内的某一针（单针）上加一针白色号。在调色板上色带被加针绿色号弹起，加针白色号为当前色，点击菜单"毛巾加针—毛巾两针加一"；点"加在单针上"。

"三针加一针"，即在三针内的中间一针上用其他的色号将其分开。

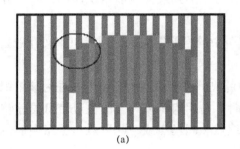 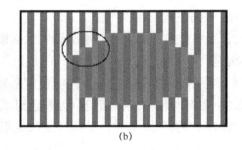

(a)　　　　　　　　　　　　　　　　(b)

彩图 11-52　加针

12. 意匠编辑　意匠编辑是指按照纹织物的经纬密度比，选取意匠比例，进行意匠显示编辑。在意匠纸上其纵格代表经丝（纹针），横格代表纬丝（纹板）。纵横格子的比例要与织物成布经纬密度之比相符合。我国意匠纸规格用"八之××"方式表示，如"八之十二"，前面数字代表横格数，后面的数字代表与八个横格组成正方形时的纵格数。

TOP 系统提供了意匠编辑功能，根据用户输入的意匠比值，显示图像，这样，用户便可以观察到实际织物的比例效果，判断图像上的图形，在织物上是否真正做到圆而不扁。意匠比 =（经密 ÷ 纬密）×8

13. 抛道处理　抛道是在多重纹板输出过程中，用来确定每一张纹板是否都要轧孔的机制。有新建抛道、抛道编辑和保存抛道三项子菜单功能。

14. 梭箱针处理　"梭箱针处理"的对象不仅仅是梭箱针，同样适用于所有的辅助针。辅助针在生成纹板的时候，它们也要对应一定的组织规律，根据事先确定的规律，决定每一张纹板上的辅助针孔位的轧孔方法。n 号辅助针将对应当前纹样组织库中的 n 号组织。

一般情况下，第一重纹板上的辅助针，将对应组织模式中第 1 横格的规律，第 2 重纹板上的辅助针对应组织模式中的第 2 横格的规律，以此类推。这种控制类型就称为"正常控制"方式，如选色针、投梭针等。

还有一种控制类型，称为"多值抛道"，它只是在抛道纹板输出时，控制有效。在编辑抛道时，抛道上除了保存"不抛"（0 值）与"抛"（1 值）外，还有其他的数值（大于 1）。在纹板输出时，辅助针与组织模式对应。若当前纹板是第 m 纬、第 n 重，则要查看抛道上第 n 重第 m 纬上的数值：若值为 0，当前纹板取消（不抛、不轧花）；若值为 1，则该辅助针的孔位，根据对应组织模式中第 1 横格的规律轧孔；若值为 2，则根据对应组织模式中第 2 横格的规律轧孔，以此类推。

如某纹样为纬三重纹板输出方式，它的第二重抛道上（1-100）纬的值为 0，（101-200）纬的值为 1，（201-300）纬的值为 2，（301-400）纬的值为 3，而当前组织库中的 3 号组织如图 11-53 所示，"梭箱针处理"中 3 号辅助针被设置为"多值抛道"。那么，第 50 纬第 2 重（50，2）纹板被抛掉不取，（150，2）纹板上的 3 号辅助针采用组织中第 1 横行的规律，（250，2）纹板上的 3 号辅助针采用组织中第 2 横行的规律，（350，2）纹板上的 3 号辅助针采用组织中第 3 横行的规律。

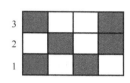

图 11-53　3 号组织

关于辅助针孔位轧孔的方法，分类见表 11-1。

表 11-1　辅助针孔位轧孔的方法

控制类型	适用的纹板输出方式	（m 重，n 纬）纹板上辅助针对应组织模式中的横格
正常控制	所有	第 m 横格
多值抛道	抛道纹板	m 重抛道上第 n 纬位置的取值

对梭箱针来说，由于梭箱变换需要一定的时间，梭箱针应提前一梭轧孔。也就是说，本该反映在本张纹板上的辅助针信号，需要提前一梭，轧在上一张纹板上。系统提供了辅助针提前一梭的功能。

15. 经编切割　在经编纹样设计过程中，由于装造时经丝排列顺序的变化，往往需要将经线方向的某一区域搬移到另外的经线位置上，经编切割就是为实现该功能而设定的。

经编切割的意思，是指将纹样上某两根经线（纬线）之间的部分，进行切除，然后搬移到另外的经线（纬线）位置。

执行"经编切割"菜单命令，弹出对话框（图 11-54），有"左右切割"和"上下切割"之分，"左右切割"就是切割两根经线之间的部分，"上下切割"就是切割两根纬线之间的部分。切割块的大小，以及切割以后搬移的位置，由用户在编辑框中输入，如"起止［101］－［200］移到［1］"表示将经线 101 到 200 之间，宽度为 100 纹样区域搬移到图像开头位置，使得 101 号经线在搬移之后成为 1 号经线。如果切割块的起始经线数大于终止经线数，则在纹样切割搬移的同时，切割块进行了左右翻转。必须注意，输入的第 3 个参数是切割块在搬移后的经线位置，而不是在搬移之前的位置。为了在输入切割块大小时不至于搞错，往往将切割块向前或向上搬移。

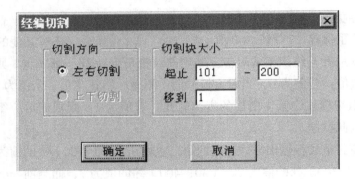

图 11-54 经编切割

16. **特殊图案变换** 当织造时以大小造的方式装造，小造的图像数据是从原大造图像中抽取的，但根据不同的织物要求有不同的抽取方法。该功能通过确定分造规律后，生成一幅小造图样。如设定循环单元纹针数为 6，选取单元纹针"1，2，3"，则在原图样中，每 6 针中抽取第 1，2，3 针来组成大小造比为 2：1 的新图像。若每 2 针中抽取第 1 针，同样组成大小造为 2：1 的新图像，但两幅图像是有明显差别的，如图 11-55 所示。

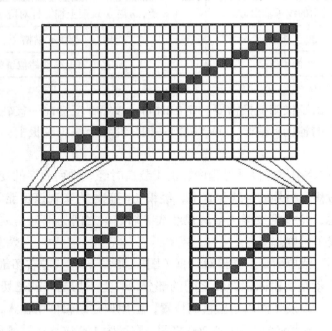

图 11-55 特殊图案变换

执行该菜单命令后，弹出对话框，在对话框中输入分造规律，若"循环单元纹针数"为[6]，"所选纹针号"为[1，2，3]，则是图 11-55 中左边的情况。

17. **色块统计** 用于统计纹样中各个色号块面所占的百分比，在某些地毯织物中，可以用来计算各色纱线所占的比例，确定纱线的用量。

在执行"色块统计"菜单命令之前，在上条色带中选择需要统计的色块。

执行完命令后，弹出"色块统计"对话框，显示所选择的各个色号的统计百分比。

[**设计实训 1**] 扫描花稿的常规分色练习，图像编辑处理练习

对扫描花稿 a（彩图 11-56）进行分色处理、方巾拼接、图像编辑处理。

（1）读取扫描花稿图像 a，存：/ 编辑处理 /a.bmp。扫描花稿分色，执行菜单命令："工艺处理 – 分色处理 – 常规分色"，存：/ 编辑处理 /b.bmp。

（2）图像扩缩。"编辑处理 – 图像扩缩"：上 40，下 10，左 50，存：/ 编辑处理 /c.bmp。

（3）方巾拼接。将图像 b.bmp 拼接成如彩图 11-57 所示的方巾图像："编辑处理—方巾拼接—水平镜像、垂直镜像"，存：/ 编辑处理 /d.bmp。

彩图 11-56　扫描花稿 a

彩图 11-57　方巾拼接图像

（4）插入艺术字"textile"。

① "编辑处理—艺术文字"→选对象类型：Microsoft word 文档。

② "插入—图片—艺术字"→选"艺术字"式样。

③键入文字"textile"，选择：字体、大小"确定"。

④将框移动到所需位置后，按"Ese"退出。

⑤选当前色块（4 号色），在框内单击右键，"确定"。保存：/ 编辑处理 /e.bmp。

⑥将"textile"中第 2、4、6 个字母 e、t、l 分别填 2 号色、1 号色、3 号色，保存：/ 编辑处理 / e 1.bmp。

（5）矩形（多边形）截取。将 e1.bmp 中"textile"选在矩形框内，"编辑处理 – 矩形截取"，保存：/ 编辑处理 / f.bmp。

（6）旋转角度。将图像 f "编辑处理—图像变换—任意角度"（如顺 30°），保存：/ 编辑处理 / f1.bmp。

（7）将图像 f1 叠加到图像 e1 的右上角空处。

①选图像 e1 为当前文件，"文件处理—图像叠加"。

②打开要叠加的图像 f1。

③图像色彩彩色"，选取色块"全选"，起始位置"在图像中取""确定"，保存：/ 编辑处理 / g1.bmp。

（8）将 2 号色、1 号色、3 号色的 e、t、1 按原色叠加到图像 e1 的左上角空处。

①选图像 e1 为当前文件，"文件处理—图像叠加"。

②打开要叠加的图像 f1。

③图像色彩"彩色"，点起选取的色块（1、2、3 号色），起始位置"在图像中取"，"确定"。

④叠加方式"是"（"否"不起作用）。保存：/ 编辑处理 / g2.bmp。

（9）将 e、t、1 用 4 号色叠加到图像 e1 的左下角空处。

①选图像 e1 为当前文件，"文件处理—图像叠加"。

②打开要叠加的图像 f1。

③图像色彩"单色"，点起要叠加的色块（1、2、3 号色），起始位置"在图像中取"，当前色选 4 号色，"确定"。

④叠加方式存。保存：/ 编辑处理 / g3.bmp。

[**设计实训 2**] 图像工艺处理练习

对"/ 编辑处理 / d .bmp"进行工艺处理。

（1）将色号 1 图形外扩一线。

（2）将色号 1 图形内缩一线。

（3）用 5 号色将 1 号色与 2 号色边界分线。

（4）用 6 号色将 3 号色画上包络线。

（5）将色号 1 图形光滑处理。

（6）在 1 号色与 0 号色之间用 6 号色包边。

以上操作完成后，存：/ 工艺处理 /a.bmp 。

（7）对 3 号色中超过 7 的浮长用 7 号色加间丝点，保存：/ 工艺处理 /b.bmp。

（8）给 / 工艺处理 /b.bmp　中除 3 号色外的其他色块设计组织，并进行组织模式覆盖，保存：/ 工艺处理 /c.bmp 。

[**设计示例**] 纹样仿制——"编辑处理""工艺处理"综合应用练习

（1）读取图像（彩图 11-58）。

（2）分色处理（图 11-59）。

（3）拉正处理。垂直方向两点拉正处理：编辑处理→图像变换→水平斜拉（图 11-60）。

（4）图像分析：水平对称图像、1/2 垂直跳接图像。

（5）剪切出最小处理单元后（图 11-61），对图像进行描画处理（本例图未作描画处理）。

（6）对图像进行水平镜像、$\frac{1}{2}$ 垂直连晒等编辑处理（图 11-62）。

（7）完成四方连续的纹样回头单元（图 11-63）。

（8）预接回头，检验上下、左右拼接是否完好，对拼接处连接不完善的花型进行局部修改至完好。

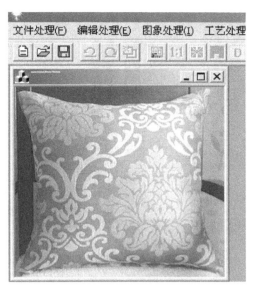

彩图 11-58　读取图像

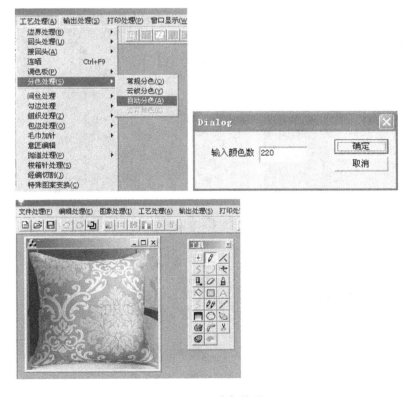

图 11-59　分色处理

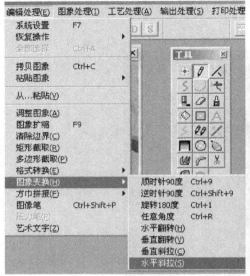

图 11-60 拉正处理

图 11-61 剪切最小处理单元

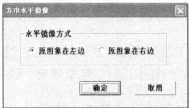

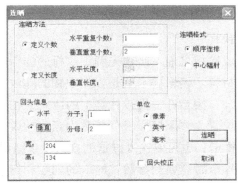

图 11-62　水平镜像、1/2 垂直连晒处理

图 11-63　四方连续纹样回头单元

模块 11-3　意匠与纹板设计

［**工作任务**］纹样完成后，结合装造与纹织工艺通过纹织 CAD 软件生成纹板文件。
［**设计指导 1**］"输出处理"菜单功能应用。

纹样在完成工艺处理后，进入输出处理过程。在输出处理菜单中，主要是生成纹板的一些功能子菜单，包括样卡设计、纹板输出、纹板处理以及电子提花输出等功能。

一、"输出处理"菜单功能

1. 添换样卡

在生成纹板之前，必须先确定纹板的样卡。样卡是反映某一品种织物的纹针使用分配情况的纹板材料。编辑样卡就是根据织物的花纹大小、花数多少、把吊数、经纬密度以及辅助针（如边针、梭箱针、投梭针等）的应用，在选用的提花机号数里进行合理安排，确定空针和用针的位置。"添换样卡"就是为当前的纹样建立纹板样卡，可以从磁盘上已有的样卡文件中提取样卡；也可以输入样卡的规格，重新设计符合要求的样卡。

新建样卡时需要的参数：样卡的列数和行数。根据提花机类型有不同的规格，如断续纹板有 12（列数）×88（行数）、16（列数）×98（行数）等，连续纹板有 8（列数）×168（行数）等。

2. 保存样卡

设计好的样卡可以保存到硬盘上，在硬盘上样卡以样卡库的方式存在。（*.ykk）和（*.kdx）文件是样卡库所必需的两种文件，一个样卡库由配对的两个文件（.ykk）和（.kdx）表示。保存样卡时，选择一个样卡库文件名"*.ykk"，若该样卡库已经存在，则当前样卡被追加到该样卡库的末尾；否则，新建一个样卡库，并将当前样卡存入其中。保存完毕后，系统提示用户"被保存为 ××× 样卡库中的第 × 号样卡"。

3. 图像提取

在设计样卡和组织时，对一些比较复杂的样卡或组织，采用一般的方法来设计的话会比较麻烦。在这项子菜单中，TOP 系统提供了从图像转换为样卡或组织的方法，这样，就可以借助图像编辑修改的工具来设计样卡或组织。

"图像提取"有保存为样卡和保存为组织两项子菜单。

保存为样卡（组织）是将当前图像保存为样卡（组织）。样卡（组织）的列数和行数等于图像的经线数和纬线数，样卡上各孔位（或组织上各组织点）的值等于图像上相应点的色号值。因此，用这种方法制作样卡（或组织）时，先新建一个空白图像，图像的经线数等于样卡的列数（或组织的经线数），图像的纬线数等于样卡的行数（或组织的纬线数）；然后用图像编辑的方法，对样卡或组织进行设计。

设计完成之后，执行该菜单命令，选择一个样卡库文件名（或组织库文件名），将图像保存为样卡或组织。要用到该样卡或组织时，可从库中提取。

4. 纹板输出

纹板输出是纹织 CAD/CAM 系统中最重要的输出方式，它是根据用户已经设计好并经过工艺处理的纹样，通过确定提花机装造工艺，按照不同织物的具体要求，来生成并输出纹板数据。所生成的纹板数据可以通过计算机控制部件，控制轧孔机完成纹板制作。

"纹板输出"菜单有组织纹板输出、多造纹板输出、意匠纹板输出和抛道纹板输出四项子菜单。

5. 纹板处理

对生成的纹板数据进行其他处理，包括纹板显示、纹板修改、纹板串接、纹板转意匠、纹板反织等功能。

（1）显示输出纹板。显示纹板，以供用户检查纹板的正确性。执行该菜单命令，弹出对话框（图 11-64）。

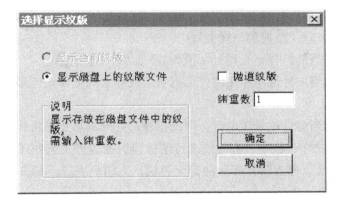

图 11-64　选择显示纹板

"显示当前纹板"，是指显示当前纹样已经生成的纹板；"显示磁盘上的纹板文件"，是指用户从硬盘上选取纹板文件，确定后进行显示。显示纹板是在"纹板显示"对话框中进行的。

（2）纹板串接。将多个规格相同的纹板进行串接，使成为一个纹板。

（3）纹板转意匠图。将纹板数据按孔位顺序展开，并以意匠图的方式进行显示。这样设计人员可以比较直观地检查纹板的正确性，并且可以在意匠方式下对纹板进行修改。

（4）意匠图转纹板。在意匠方式下对纹板进行了修改之后，执行该菜单命令，可以将它保存回纹板文件中。

6. 电子提花

系统提供了 Staubli、Bonas 等多种电子龙头数据转换输出接口。

二、生成纹板文件的步骤与方法

花样编辑修改完成后，就要进行后期的纹板生成工作。纹板生成是最后的输出步骤，而且也是最重要的内容。生成纹板时，必须结合具体的织造工艺要求及提花机的装造情况，因此设计人员必须熟悉纹织提花工艺，掌握织物组织的设计与表现特征，了解各种织物的装造情况。

（一）纹板制作要素

制作纹板，是在设计好纹样的基础上，通过纹织 CAD 软件再输入一些工艺提要素，包括纹样意匠、样卡、组织库、色号组织对应关系表、抛道等，就可以生成纹板文件。

1. 纹样　纹样是指已经对扫描图像进行编辑修改、工艺处理之后，达到最后输出要求的图像小样。纹样上所包含的色号是有限的，因为纹板生成时便是按照纹样上的色号来轧孔的。设计完毕的纹样必须满足织造工艺要求，纹样上的颜色不同，并不表明织物上的颜色不同，有可能只是这些色块区域的织物组织不同，而纱线的颜色是相同的。所以，在织物设计上，不同组织的地方应该用不同色号来区别。

2. 样卡　样卡是生成纹板时的制作模板，它指定纹板上的哪些孔位是穿线孔，哪些孔位用来轧实用纹针，哪些孔位用于控制梭箱、棒刀，以及其他辅助针的针位在纹样上是如何分布的。在每轧一张纹板时，纹板都与样卡对应。

（1）若样卡上的当前针位是无用针（值为 0），则纹板上无孔。

（2）若样卡上的当前针位是实用纹针，则对应纹样上的图像点色号，由色号来确定当前针位是否轧孔。

（3）若样卡上的当前针位是辅助针，则根据辅助针的具体要求来轧孔。

3. 组织　在设计纹样过程中，有时要进行诸如组织覆盖等工艺处理，这样在纹样上就已经有了组织表现。但是纹样上时常有一些完全色块，无组织表现，那么，就必须在生成纹板时自动地加入组织规律。

（1）实用纹针上各色号对应的针位轧孔用组织，指明在该色号上哪些针位该轧孔，而哪些针位不轧孔。

（2）用于辅助针轧孔的组织。辅助针在轧孔时，每张纹板上的轧法并不是一样的，但有规律可循，"组织"就指明了辅助针在轧纹板时的规律。

4. 色号组织对应关系表　先由实用纹针孔位得到纹样上相应位置图像点的色号值。如当前孔位是实用纹针的第 x 个孔位，当前纹板对应纹样上的第 y 行图像数据，纹样上色号值用 Image $[x]$ $[y]$ 来表示。由色号值 Image $[x]$ $[y]$ 确定对应的轧花组织，即确定该色号的色块以何种组织表现。由轧花组织确定该纹针孔位是否轧孔。

色号组织对应关系表，指出了在轧某造某重纹板的实用纹针时，某个色号对应的纹针是否需要轧孔，若要轧孔，是按何种组织规律进行轧孔的。所以它是一个三元函数：

$$组织号 = 关系表（重数，造数，色号）$$

由重数、造数、色号三个参数返回一个组织号，若在某重某造的关系对应中不含某色号，则对应的组织号标为 −1，表示在该重该造的纹板上，该色号对应的纹针不轧孔。

色号组织对应关系表在"色号组织对应关系表"对话框中进行编辑设置。

以上是在"组织纹板输出"方式下的情况，输出纹板时，色号要与组织对应。但在另一个方式下，即"意匠纹板输出"方式，设计的纹样意匠上都已经铺好组织点，在纹针轧孔时，色号不必再与组织对应，只需说明该色号对应的纹针是否轧孔。它也是一个三元函数：

$$布尔值 = 关系值（重数，造数，色号）$$

若返回布尔值取值为真（轧孔），则说明在该重该造的纹板上，该色号对应的纹针全部轧孔；否则，全不轧孔。

5. **抛道**　在处理某些特殊织物时，普遍的多重多造纹板输出方式不能满足要求。比如，某些织物（如缎织毛巾），它们纹样上的每一纬格的重数并不相同，某些纬格在提花机上需投三次梭（三根纬纱），而某些纬格则只需投两次梭（两根纬纱）。也就是说，有些纬格需轧三张纹板，而有些纬格只需轧两张纹板。如何控制这种情况下的轧花工作呢？这里引入"抛道"的概念。

抛道，顾名思义，就是将不需要的纹板抛弃不用。纹样上有的纬格是三重，又有的是二重或四重等，我们取最大的重数；然后在每一重上设置哪些纬该取，而哪些纬该抛。所以它是一个二元函数：

$$布尔值 = 抛道（重数，纬数）$$

若布尔值取值为真，则说明该纬格上的该重纹板应该取；否则，应该抛掉不取。

生成纹板是按照"（一，1）→（一，2）→（一，3）→…→（二，1）→（二，2）→（二，3）→…（××，1）→（××，2）→…"的顺序依次产生纹板。有序对中前面的中文数字表示第几纬格，后面的阿拉伯数字表示第几重数。例如，若抛道二元函数中纬数为2，重数为二，布尔值为假，那么生成纹板时就不产生（二，2）这张纹板，（二，1）后面紧接着（二，3）纹板，也就是抛掉了（二，2）纹板。

有了"抛道"机制，我们就可以灵活地设计一些工艺复杂的提花织物。抛道的编辑是在"编辑抛道"对话框中进行的。

（二）样卡的制作

根据提花机的不同，纹板也有一定的规格，如 16×98，16×81，12×88，8×168 等，称 16、12、8 为样卡的列数，98、81、88、168 为样卡的行数。图 11-65 所示是一张 16×98 的纹板样卡。

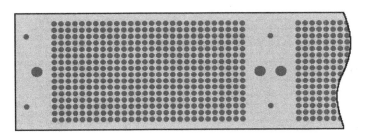

图 11-65　16×98 纹板样卡

根据提花织物结构类型的不同，有些织物需要分造装造，分造装造的纹板纹针也必须体现在样卡上，样卡的造数就是指分造的数目。每一造的实用纹针在样卡分别用不同的号数表示，如 1，2，…。它们在样卡上有明显的分造界线；或者在混合装造时，各造纹针按某种规律组合在一起。

在纹针的样卡上面必须标出纹板的穿线孔位置、梭箱针位置、大孔位置以及实用纹针位置等。

读卡时按照从右到左、从上到下的顺序进行。

设计样卡是在样卡对话框中进行的。在样卡上用数字 0 ~ 9 标明哪些孔位是辅助针，哪些孔位是实用纹针。0 表示无用针，即空针，这些孔位不轧孔。对单造纹板来说，1 表示实用纹针，2 ~ 9 表示辅助针；对多造纹板来说，如 2 造，则 1 表示第一造的实用纹针，2 表示第二造的实用纹针，3 ~ 9 表示辅助针；对 3 造、4 造纹板，依此类推。根据设计样卡时的基本要求，样卡上的实用纹针数应等于纹样上的纵格数。也就是说，单造样卡上 1 的个数应该等于纹样的纵格数（经线数）。对于多造或大小造样卡，也有此要求。有些小造纹针，是间隔地有规律地从原纹样上取部分纵格，如每 2 纵格中取第 1 纵格，这样，小造纹针数必须等于纹样的纵格数除以 2。

在图 11-66 中，1 号针为实用纹针，3 号针为穿线孔，大孔针在穿线行前（后）两行中间两列占四个孔位的位置，在样卡上不需标注。

设计样卡的步骤如下：

（1）执行菜单命令"输出处理→添换样卡"，或在组织工具条上单击添加样卡按钮。

（2）选择"新建样卡"，并确定。

（3）输入样卡的列数、行数值（如 16、98），并确定（图 11-67）。

在图 11-66 中，可以通过不同的编辑方式对样卡进行编辑，使它符合设计人员的设计要求。

（4）在样卡的某个孔位上单击鼠标左键，出现弹出式菜单，选择 0 ~ 9 中的某个值，则该孔位就被设置成该数值。

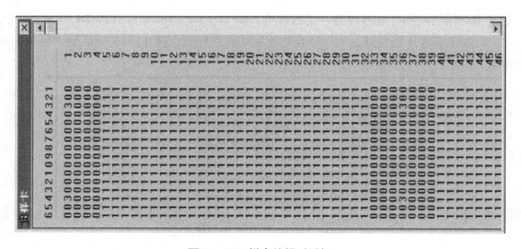

图 11-66 样卡编辑对话框

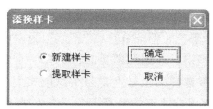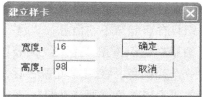

图 11-67 新建样卡

（5）在样卡的某个孔位上单击鼠标左键，并拖动鼠标，此时被选取的孔位数字背景色呈现绿色，释放左键时，会弹出菜单，选择 0 ～ 9 中的某个数字，则这些被选取的孔位就被设置为该数值。

（6）设计好的样卡，为了以后重复使用，可以将它保存到样卡库中去。执行菜单命令"输出处理→保存样卡"，选择或输入一个样卡库文件名，样卡将被保存在此文件中。如果该样卡库文件中已经包含有其他样卡，则当前样卡被加到所选样卡库文件的末尾，并分配了一个样卡号数。保存完毕后，弹出对话框，告知用户该样卡"被保存为 ×× 样卡库中的第 × 号样卡！"。

（7）样卡设计完毕保存好后，关闭"样卡编辑框"。

（8）添换样卡，也可以从已有的样卡库中提取。执行某菜单命令"输出处理→添换样卡"，并选择"提取样卡"，确定后选择一个样卡库名，并输入样卡号数，即可以得到一个事先设计好的样卡（图 11-68）。

图 11-68 添换样卡

（三）建立组织库

1. 组织的输入 建立组织库过程中，先逐个地新建或提取组织，然后，将它们添加到当前纹样的组织库中。必须注意，生成纹板时，辅助针对应的轧孔规律组织的组织号必须与辅助针的号数相同，因为这是软件的默认状态，假设样卡上 3 号辅助针为穿线孔，穿线孔在各张纹板上全都要轧孔，所以组织库中的 3 号组织应该是全起组织。

组织模式的循环单元中经纱数与纬纱数相等的组织，本系统中称"基本组织"，经纬组织循环长度用"枚数"表示，如经向、纬向组织循环都为 5 的组织，称为"5 枚组织"；经向、纬向组织循环不等的，我们用"经线数""纬线数"分别表示，如"经 8 纬 5 组织"，它的经线数为 8，纬线数为 5。"起数"是组织模式第一行中经组织点的起始点，"飞数"是指：在织物组织中，相邻两根纬线上，相应的经组织点之间相隔的经线数。如图 11-69（1）是一个 5 枚 2 起 3 飞组织，图 11-69（2）是 8 枚 3 起 5 飞组织。

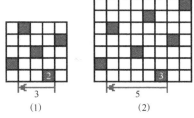

图 11-69 飞组织

组织有彩色组织与非彩色组织两种状态：彩色组织只用在工艺处理的组织覆盖功能中，组织模式中带有色号信息。设计人员选择一个色号，将在这个色号的色块上覆盖某个彩色组织，那么组织模式连同色号信息将完全地覆盖该色块。

非彩色组织只含有起与不起信息，"起"为黑色（值非 0），"不起"为白色（值为 0）。非彩色组织可被用在组织覆盖、生成纹板等过程中。在组织覆盖时，选择一个将被覆盖的色号，以及设置一个当前色，在组织覆盖之后，被选择的色号上，与组织模式上"起"点对应的图像点被设置成为当前色，而"不起"点上则保持原来的色号不变。在生成纹板时，"起"点上轧孔，"不起"点上不轧孔。

组织设计输入的步骤如下。

（1）执行菜单命令"工艺处理→组织处理→组织模式添加"，或在组织工具条上单击"添加组织"按钮。

（2）选择"新建组织"，并确定。

（3）对基本组织，输入组织循环的"枚数""起数""飞数"；对非基本组织，输入组织循环的"经线数"与"纬线数"，并确定。

（4）屏幕右下角弹出"组织模式"对话框，如图 11-70 所示。这是一个临时组织，它不包含在纹样当前的组织库中。此时，组织处于非彩色组织状态。

图 11-70　组织模式

对非彩色组织进行编辑，在"组织编辑框"中的组织点上单击鼠标左键，则组织点进行"起"与"不起"互换，原来"起"的（黑色）被设为"不起"（白色）；原来"不起"（白色）被设为"起"（黑色），如此逐点编辑。

在"组织模式"对话框成为输入焦点时（窗口标题栏呈现蓝色），按空格键，弹出对话框，组织可以进行"彩色组织"与"黑白组织"两种状态互换。

对彩色组织进行编辑，先在程序主窗口的调色板色带上，设置某个色号为当前色，然后在"组织模式"对话框中的组织点上单击左键，被点击的组织点将被设置成为当前色号。

（5）设计好的组织，要将它添加到当前组织库中去，在"组织对话框"成为输入焦点时按 Insert 键，弹出对话框，输入"添加组织：使之成为第 × 号组织"，并确定。注意，如果输入的组织号已被别的组织所有，那么新的组织将取代旧组织而拥有这个组织号。此时，"组织对话框"的标题条上显示为"× 号组织"。

（6）关闭"组织编辑对话框"。

（7）要重新显示被关闭的"组织模式对话框"，执行菜单命令"窗口显示→组织模式对话框"。

（8）要显示纹样当前组织库中的第几号组织，直接在"组织工具条"上单击几号按钮，如 4 号则单击 ▣，大于 9 号的组织单击 ▣ 按钮，选择输入组织号数后并按确定。

（9）若要保存设计好的某个组织，则先打开"组织编辑对话框"，显示该组织；执行菜单命令"工艺处理→组织处理→组织模式存储"，弹出对话框；输入组织库文件名，并确定。

该组织将被保存到此库文件中，若组织库文件中已经包含有其他组织，则它被加到库文件末尾，并分配一个组织号数，保存完毕后，弹出对话框告知用户该组织"被保存为 ×× 组织库中的第 × 号组织！"。

2. 组织的提取　已保存在组织库文件中的组织，可以随时被提取使用。

（1）执行菜单命令"工艺处理→组织处理→组织模式添加"，或在"组织工具条"上单击"添加组织"按钮。

（2）选择"提取组织"，并确定。

（3）选择一个组织库文件名，并输入组织号数。

提取的组织显示在"组织模式"对话框中，它现在是纹样组织库中的"临时组织"，必须按 Insert 键后才能添加到当前纹样的组织库中。

3. 大循环组织的设计　为了设计某些非常复杂的，而且组织循环很大的组织，可以借助于编辑的功能，事先将组织当作图像进行设计，设计完成后，将它转换成组织保存，如图 11-71 所示为一个 50 × 50 的复杂组织，可按如下步骤进行设计。

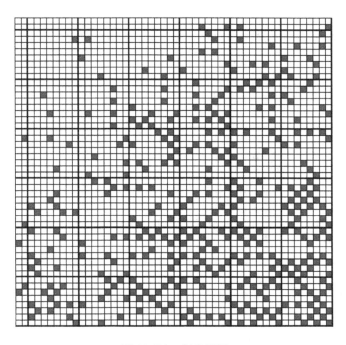

图 11-71　复杂组织

（1）新建一个经线 50、纬线 50 的 8 位。

（2）按照组织模式编辑设计图像，可以运用各种图像编辑功能，包括画笔工具、喷枪、拷贝、镜像、翻转等。设计黑白组织时，"起"点用 1 号色，"不起"点用 0 号色。设计彩色组织时，采用不同组织模式上相同的色号进行设计。

（3）由于图像的起始点在左上角，而组织模式的起始点在右下角。所以，以图像方式设计好组织之后，执行菜单命令"编辑处理→图像变换→旋转 180 度"，使图像的左上角点为组织的起始点。

（4）执行菜单命令"输出处理→图像提取→保存为组织"，输入或选择一个组织库文件名，保存为组织库文件中的某号组织。

（5）从组织库文件中提取该组织，显示在"组织模式"对话框中。这样 50×50 的组织就已经设计完毕。

由于对图像的编辑功能比较强大，采用这种方法设计组织，对于一些循环大变化复杂的组织尤其方便。同样，可以从一些设计好的花样中，截取子花样，然后转换为组织。这样子花样就当作组织使用，可以在图案设计中将子花样作为底纹覆盖背景。

（四）建立纹样的色号与组织对应关系

色号与组织对应关系表对话框在"纹板输出"过程中弹出，如彩图 11-72 所示。对话框中包含若干个属性页，对于 m 重 n 造的纹板来说，共有 $m \times n$ 个属性页。每个属性页指明了某重某造纹针的色号组织对应关系，属性页的标签上显示"m/n"，其中前面的数字 m 表示"重数"，后面的数字 n 表示"造数"，如标签为"3/2"的属性页表示第三重纹板上第二造纹针的色号组织对应关系。

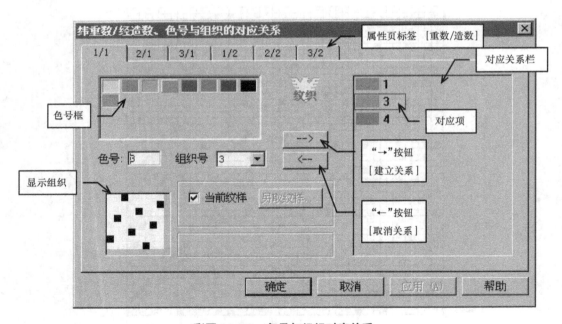

彩图 11-72　色号与组织对应关系

色号框中依次排列着调色板中的色号，每个色号用该色号的颜色框来表示。

要建立某色号与某组织的对应关系，输入"色号"及"组织号"，然后按"→"按钮，右边的关系栏中便会增加一个对应项，前面矩形框显示色号颜色，后面数字表示对应的组织号。在对应关系栏中若出现某色号的项，表明该色号在生成纹板时有某组织对应；若关系栏中不出现某色号，则表明该重纹板的该造纹针中，该色号对应的纹针不轧孔。

要删除某色号的对应关系，在关系栏中的指定项上单击左键，使其成为当前项，然后按"←"按钮，即删除了该对应项。

左下角的矩形框中显示了当前组织号对应的组织模式，方便用户选取组织。

单击各个属性页的标签，可以在各属性页之间进行切换，或者按 Ctrl + Tab 键进行互相切换。

色号与组织的对应关系建立完成后，按确定关闭对话框。

例如，一个设计好的纹样，要生成二造三重的纹板，纹板生成中其色号组织对应关系见表 11-2。表中加黑加斜的数字表示组织号，如在第 1 重的第 1 造纹针中，1 号色对应 1 号组织，3 号色对应 3 号组织，5 号色对应 4 号组织，而其余的 0 号、2 号、4 号色不对任何组织，即它们对应的纹针不轧孔，它表现在对话框中，就如同上图的"1/1"属性页。"色号组织对应关系表"对话框中共含有 6 个属性页，各个属性页中均有 3 个对应项。

表 11-2　色号组织对应关系表

重、造 色号	第 1 造			第 2 造		
	第 1 重	第 2 重	第 3 重	第 1 重	第 2 重	第 3 重
0	—	*1*	*0*	*0*	—	—
1	*1*	—	—	—	*1*	*1*
2	—	*2*	*3*	*2*	—	—
3	*3*	—	—	—	*3*	*3*
4	—	*5*	*4*	*5*	—	—
5	*4*	—	—	—	*4*	*4*
属性页	1/1	2/1	3/1	1/2	2/2	3/2

（五）编辑抛道

抛道编辑工作在"抛道编辑"对话框（彩图 11-73）中进行，操作步骤如下。

（1）执行菜单命令"工艺处理→抛道处理→新建抛道"。

（2）输入抛道纬重数，抛道的重数必须等于纹板的重数。

（3）弹出"抛道编辑"对话框，它包含了若干属性页，页数等于抛道的重数。在每个属性页中，指明该重纹板中哪几纬的纹板该取，哪几纬的纹板该抛掉。

（4）属性页右边的矩形框中显示了抛道，抛道总长度等于当前纹样的纬格数，它被分成若干段，每段长度最大为 150 格。通过各种编辑方式，在抛道上进行标记，有标记的纬格，表明该纬该重的纹板该取；无标记的纬格，则表明该纬该重的纹板抛掉不取。以下称有标记的位置为"抛道"位置，无标记的位置为"空白"位置。

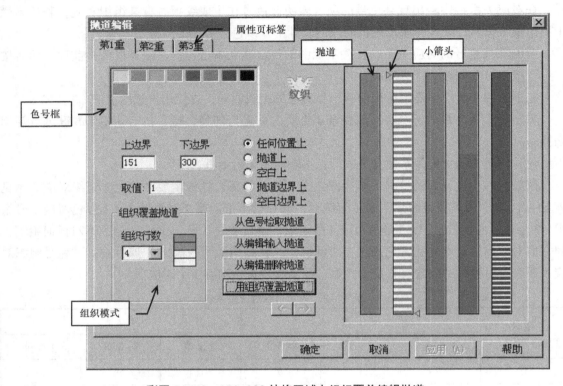

彩图 11-73   151~300 纬格区域上组织覆盖编辑抛道

（5）抛道上有两个小箭头"▷"和"◁"，分别标注抛道上当前位置的上边界与下边界，上边界与下边界的数值显示在属性页左边的编辑框中。

（6）"从色号检取抛道"，是通过色号来标记抛道。在左上角的色号框栏中选取一种或几种色号（使小按钮呈凸起状态），然后按"从色号检取抛道"按钮，执行的结果是，如果当前纹样中的某纬行中含有被选取的一个或多个色号，则抛道上该纬格位置就有标记，否则该纬格位置是空白。也就是说，如果该重纹板只是对纹样上红色号的纬格区域进行处理，那么我们在对话框中选取红色号，然后执行按钮命令，这样，纹样上的红色区域便反映在抛道上。

"从编辑输入抛道"，通过在上边界和下边界的编辑框中输入数值，来对抛道进行标记。注意，上边界数值小于下边界数值，而且都不能超过纹样的有效尺寸范围，必须大于等于 1，且小于等于纹样的纬格数。

"从编辑删除抛道"，通过在上边界和下边界的编辑框中输入数值，取消抛道上的标记，使其成为空白位置。

"用组织覆盖抛道"，用某种组织模式（取与抛的排列规律），来覆盖抛道上的某段区域。

在左下角选择"组织行数"，从 2 ~ 5 按要求选择组织循环数。

在右边的栅格中，通过单击鼠标左键，输入组织模式，如"4 格组织"，如彩图 11-73 所示。

（7）在上边界、下边界编辑框中输入组织覆盖的区域范围。

属性页中部的"任何位置上""抛道上""空白上""抛道边界上""空白边界上"共五个选择按钮，可以用来设置上下界箭头的停靠位置，方便用户操作。

（8）在每一重纹板对应的抛道全部编辑完毕之后，单击确定按钮，执行按钮命令，结果如彩图 11-73 所示。关闭对话框。

（六）生成纹板文件

纹板生成过程是多种要素同时参与，由计算机自动生成的过程。虽然计算机产生纹板的过程中不需要我们干预，但是，设计人员必须知道纹板产生的机理，这样才可以产生符合织造要求的纹板数据，即使纹板数据出错了，我们也可以对错误进行分析，然后加以改进。

纹板数据是逐张生成的，它按照如下的顺序产生：

（第 1 纬、第 1 重）→（第 1 纬、第 2 重）→ ……

→（第 2 纬、第 1 重）→（第 2 纬、第 2 重）→ ……

→ …… →

→（第 n 纬、第 1 重）→（第 n 纬、第 2 重）→ ……

→ …… 。

若是抛道纹板，则要根据抛道设置来取舍某重某纬纹板，若某重某纬的抛道上有标记，则取之；否则，抛掉不取。

某重某纬的纹板数据，是按照以下四者结合来产生的：纹样上该纬格的图像数据；样卡；色号组织对应关系中该重（包括各造）上的色号组织对应表；组织库。

每张纹板的各个孔位，对应到样卡上的相应位置。

若样卡上数据为 0，则纹板上该孔位不轧孔；若样卡上数据为实用纹针号（如 1），则对应纹样上的色号，再根据色号组织对应表，按照组织规律轧孔；若样卡上数据为辅助针号（如 3），则寻找相同号数的组织，根据组织规律轧孔。

辅助针轧孔与组织的对应关系如下：若当前纹板是第 1 重，则对应组织模式中第一行的组织规律；第 2 重则对应第 2 行的规律，依此类推。

在生成纹板数据之前，程序弹出如图 11-74 所示的对话框，用户可以选择纹样意匠图的起始点，是"左上""左下""右上""右下"角的位置。

若选择"右下角"，那么第 1 纬的纹板数据是按照最底行图像数据产生的，图像数据从右到左，从下到上地逐点被读取。

生成的纹板显示在"纹板显示"对话框中。输入"纬数""重数"，按"显示"按钮可以显示指定纹板。按"上一张""下一张"按钮可以进行逐张查看。当对话框中无法完全显示整张纹板时，可以按"→"和"←"按钮前后翻看。

按"保存"按钮，弹出"纹板保存"对话框，用户输入纹板文件名（*.wbf），然后将纹板保存到指定文件中去，并关闭"纹板显示"对话框。

（七）纹板处理

TOP 软件提供的一些纹板处理功能如下。

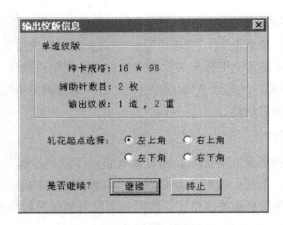

图 11-74　输出纹版信息

1. **查看纹板**　保存在硬盘上的纹板文件可以随时地被调出来查看：执行菜单命令"输出处理→纹板处理→显示输出纹板"，弹出"选择显示纹板"对话框；"显示当前纹板"是指查看当前纹样的纹板；"显示磁盘上的纹板文件"是指从硬盘上的（*.wbf）文件读取纹板数据并加以显示。

2. **纹板串接**　纹板串接是将若干个规格相同（纹板样卡列数、行数相同）的纹板文件，一个接一个地串接在一起，使它们成为一个纹板数据文件。

执行菜单命令"输出处理→纹板处理→纹板串接"。用户按顺序依次在"选择第 × 个纹板文件"对话框中，选择输入要进行串接的纹板数据文件。若不再需要串接其他纹板，则在对话框中按"取消"按钮。串接后的纹板显示在"纹板显示"对话框中，按"保存"按钮可以将其保存到某文件中。

3. **用意匠方式显示纹板**　将一张纹板的数据按顺序展开成意匠图上的一纬格，第一张纹板展开成第一纬格，最后一张纹板展开成最后一纬格，这样便得到了一张纵格数为纹板孔位数（纹板样卡列数 × 行数）、纬格数为纹板张数的意匠图。

执行菜单命令"输出处理→纹板处理→纹板→意匠图"，可以进行纹板到意匠图的转换（以意匠方式显示纹板）。

对纹板不熟悉的设计人员，在意匠方式下检查纹板有很大好处。因为这种方式下的纹板保持了原来纹样中的花型，直观易懂，对纹板上组织规律的表现也很明显。

在意匠方式下的纹板可以局部地进行修改。如编辑图像一样，可以用画笔工具局部修改，要轧孔的孔位置用 1 号色，不轧孔的孔位置用 0 号色。

修改之后的纹板可以保存，执行菜单命令"输出处理→纹板处理→意匠图→纹板"，然后选择输入纹板文件名，便可以将修改后的纹板保存到该数据文件中。

4. **反织**　织物正织时如果提经数目很多，可以采用反织方式。在将纹板正织的数据转换为反织的数据时，必须指定一个样卡，以确定纹板上实用纹针的位置。

5. **电子龙头数据格式**　Top 软件系统提供了多种电子龙头数据的转换接口，包括

Staubli、Bonas 等电子龙头。设计人员先按普通方式制作生成纹板文件，完成后通过转换接口生成各种电子龙头数据。电子龙头是直接以电子方式来控制织机纹针的提升运动，它不需要机械纹板的参与，取而代之的是一张软盘，软盘上保存了纹板数据，电子龙头读取软盘的数据实行控制。

[设计示例 1] 图像扫描输入、拼接、分色、剪切回头

完成布样或花稿的扫描输入、拼接、分色，并剪切成一个四方连续的回头单元，保存：/ 扫描拼接 /1.bmp。

1. 操作步骤

（1）布样扫描。

①将待扫描布样或花稿放入扫描仪，尽量放置平直与平整。

②点击菜单："文件处理 – 扫描图像"，分别依次扫描各部分，分别保存图像：/ 扫描拼接 /a.bmp、/b.bmp，如彩图 11–75 所示。

（1）　　　　　　　　　　　　　　　（2）

彩图 11–75　扫描布样

（2）图像拼接。点击菜单命令："文件处理—手动拼接—左右拼接"（根据扫描图像相互位置关系确定"左右拼接"还是"上下拼接"）。

分别打开左侧图像（1）和右侧图像（2），将左右图像对应位置调整到一致，点"拼接"按钮完成左右拼接，如彩图 11–76 所示。

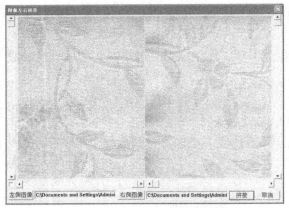
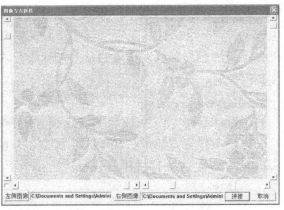

彩图 11-76　图像拼接

（3）图像拉正。

①水平点拉正。点击菜单命令："编辑处理—图像变换—垂直斜拉"，在跳出的"图像斜拉"对话框中点击按钮"从图像中取"，找到图像中水平方向对应的两个循环重复点，作为斜拉的起点和终点，在"图像斜拉"对话框中点击"确定"即完成了图像的水平拉正，如彩图 11-77 所示。

②垂直点拉正。点击菜单命令："编辑处理—图像变换—水平斜拉"，在跳出的"图像斜拉"对话框中点击按钮"从图像中取"，找到图像中垂直方向对应的两个循环重复点，作为斜拉的起点和终点，在"图像斜拉"对话框中点击"确定"即完成了图像的垂直拉正，如彩图 11-78 所示。

（4）分色处理。对于扫描布样一般采用自动分色。点击菜单命令："工艺处理—分色处理—自动分色"，在跳出的对话框中输入颜色数 220 后点击"确定"，即完成了对扫描布样的分色，如彩图 11-89 所示。

（5）剪切循环单元。

①截取垂直方向循环单元。观察图中完整循环单元，选择恰当位置，将垂直方向一个循环以外的上、下部分分别切除，如彩图 11-80 所示。

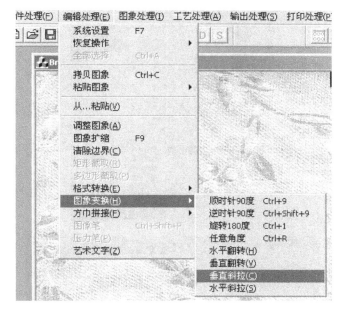

彩图 11-77　图像水平拉正

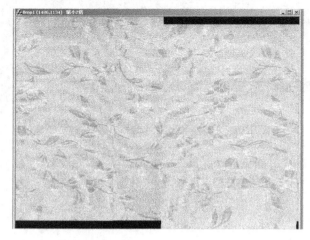

彩图 11-78　图像垂直拉正

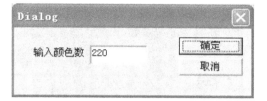

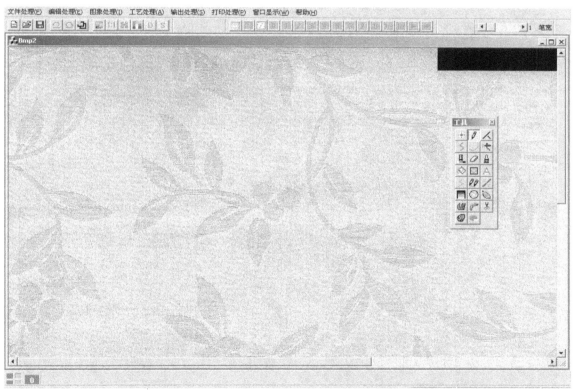

彩图 11-79 布样的分色处理

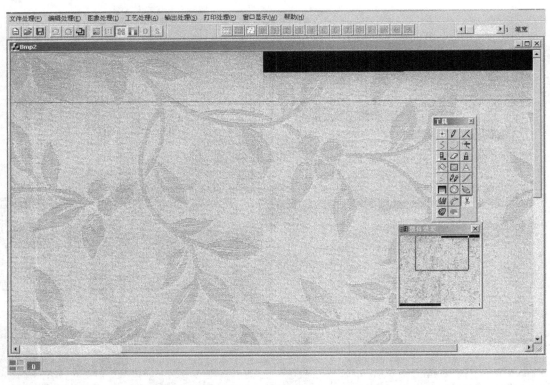

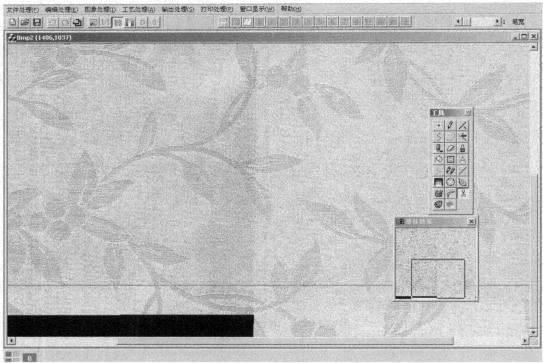

彩图 11-80　垂直方向循环单元截取

②垂直回头检验——上下预接。点击菜单"工艺处理—回头处理—上下预接"，将垂直方向截取单元的上、下边缘拼接到中央，观察拼接处图像是否连续和拼接完好，如彩图11-81。如果图像上下拼接处出现图像错位或拼接不完好，则需要退到上步重新作拉正、剪切处理。

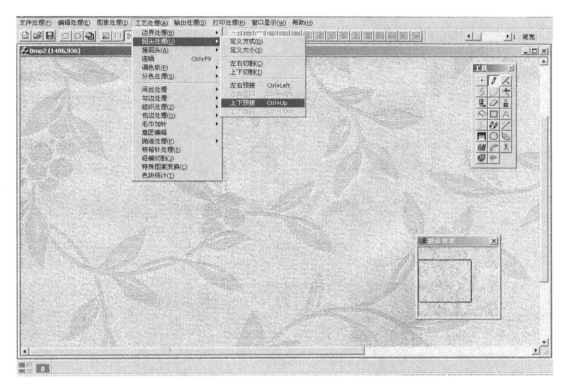

彩图 11-81 上下回头预接

③截取水平方向循环单元。观察图中完整循环单元，选择恰当位置，将水平方向一个循环以外的左、右部分分别切除，如彩图11-82所示。

④水平回头检验——左右预接。点击菜单"工艺处理—回头处理—左右预接"，将水平方向截取单元的左、右边缘拼接到中央，观察拼接处图像是否连续和拼接完好，如彩图11-83所示。如果图像左右拼接处出现图像错位或拼接不完好，则需要退到上步重新作拉正、剪切处理。

（6）保存四方连续回头单元图像 :/2.bmp。如果对剪切的回头单元上下预接、左右预接，拼接处图案连接完好，则该图像即为四方连续的纹样回头单元，点击菜单保存图像，跳出如图11-84所示对话框，点击按钮"否"，则完成图像以当前状态保存。

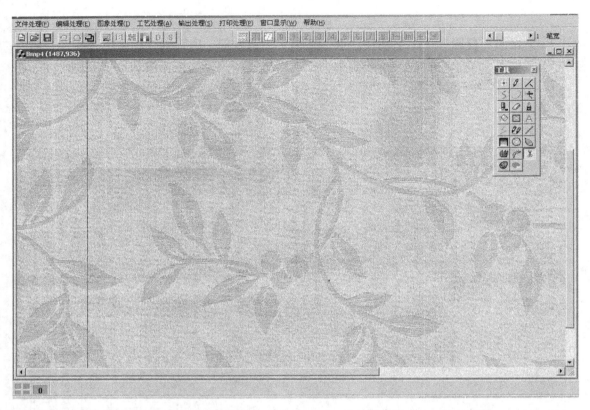

彩图 11-82　水平方向循环单元截取

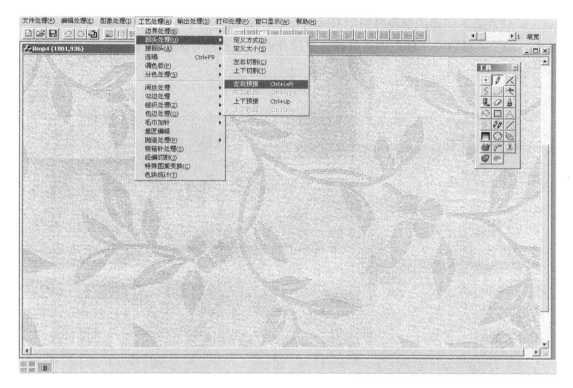

彩图 11-83　左右回头预接

图 11-84　保存回头单元图像

2.设计经验

（1）扫描时尽量使面料经纬方向与扫描仪边框平行或垂直。

（2）花围循环大需要分多次扫描时，各次扫描图像必须有部分重叠，以便于拼接。

（3）多次扫描布样时最好保持使用同一扫描参数，不要随意改变参数。

［设计示例 2］　图像编辑修改

　　在四方连续循环单元（/2.bmp）基础上，分析观察织物中所包含的组织，运用"工具"将不同组织用不同色号描画出来。

1.操作步骤

（1）读取图像：/2.bmp。

（2）分析组织：通过观察，分析该扫描布样内共包含 5 个不同的组织。

（3）将花部不同组织部位分别用不同色号画出来，如芯部1号色、中间层2号色、外层（杆）3号色、果子4号色。一般由内往外画，里层花画完将该色号保护起来再往外层画，如彩图11-85所示。

彩图 11-85　用不同色号将花部各组织画出来

（4）填充底色。将花部所有色号均保护起来，选底色为当前色，点击工具"填充方式"，选"域界填色"填充底色，如彩图 11-86 所示。

彩图 11-86　底色填充

（5）接回头检验。进入菜单"工艺处理—回头处理—左右预接 / 上下预接"（彩图 11-87），将图案边缘部分接换到中间部分。仔细检查图案，如果发现有漏填色、杂色或拼接不完好的，及时修改处理好。

彩图 11-87　回头预接

（6）保存四方连续纹样单元（以当前状态保存）：/3.bmp，如彩图 11-88 所示。

彩图 11-88　四方连续纹样单元

2. 设计经验

（1）画色块、填色、涂擦时注意保护已画好的其他色块。

（2）先画中间部位花纹，周边花纹待左右、上下回头预接到中间后再画。

（3）"域界填色"完成后，再次左右、上下预接后，检查整个纹样是否都填充上预设的颜色，可利用"橡皮"工具涂擦一遍（注意保护）。

（4）可利用"去杂色点"功能等将杂色去除。

[**设计示例 3**] 生成意匠与纹板文件

在画好的循环单元纹样"/3.bmp"基础上进行意匠工艺处理，生成可供提花机织造的纹板文件。

操作步骤如下。

（1）读取图像（彩图 11-88）/3.bmp。

（2）检查纹样经纬向。检查以上读取的纹样图像是否垂直方向为织物的经向，水平方向为织物的纬向。如经纬方向倒置，要先将纹样通过"编辑处理 / 变换 / 旋转……"调整为纵格对应经纱，横格对应纬纱。

（3）调整图像纵横格数。

①分析测量织物经纬密度 460 根 /10cm × 180 根 /10cm，花幅 26 cm × 24cm。

②确定意匠纵横格数

$$纵格数 = 一花经线数 = 经密 × 纹样宽度 = 46 × 26 = 1196$$

修正为花地组织循环数最小公倍数的倍数 1200。

横格数 = 一花纬线数 = 纬密 × 纹样长度 =18×24=432

修正为花地组织循环数最小公倍数的倍数 440。

点击菜单"编辑处理—调整图像"，输入"水平像素 1200，垂直像素 440"（彩图11–89）。

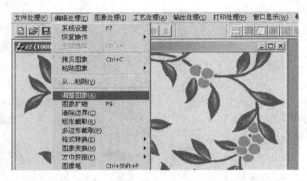

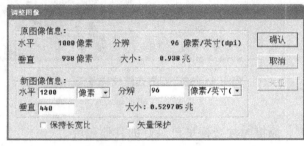

彩图 11–89　调整图像

保存图像文件（彩图 11–90）。

彩图 11–90　保存图像文件

（4）输入组织，建组织库。0~7 号组织如图 11-91 所示。

图 11-91 组织

0 号组织——地部：5/3 经缎

1 号组织——芯部：8/3 经缎

2 号组织——中间层：2/2 四枚变则缎纹

3 号组织——穿线孔组织 ⎫

4 号组织——边组织组织 ⎬ 辅助针组织

5 号组织——选色组织 ⎭

6 号组织——外层（杆）：5/2 纬缎

7 号组织——果子：1/4 ↗

依次输入 0~7 号组织（图 11-92）。

保存组织库文件"输出处理—保存组织库"。

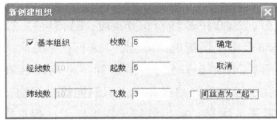

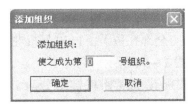

图 11-92

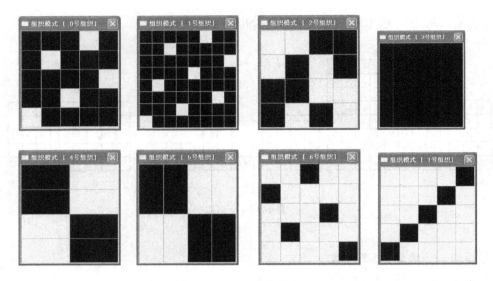

图 11-92　组织输入

（5）建样卡或提取样卡文件。提花机龙头规格型号或装造不同，设计的样卡也不同。

① 1400 号机械式提花机，16 列，98 行。

穿线行：第 1、33、66、98 行。

1200 针，1200/16=75 行，分 3 段：25+25+25, 或 24+27+24。

1240 针，1240/16=77.5 行，分 3 段：26+26+25.5。

② TK212 双龙头机械式提花机，16 列，81 行 ×2。

穿线行：第 1、41、81、82、122、162 行（分四段，每段首、中、尾行）。

2400 针，2400/16=150 行，分 4 段：37+38+38+37。

2000 针，2000/16=125 行，分 4 段：31+31+31+32。

③ 2688 针电子提花机，16 列，168 行；不分段，没有穿线行。

2160 针，2160/16=135 行；2400 针，2400/16=150 行。

如果在已经装造好的提花机上织制同规格织物，已经有设计好的样卡文件，则只需进入菜单"输出处理—添换样卡—提取样卡"，读取该织机已有的样卡文件就可以。

如果提花机需要根据新的织物和花型规格重新装造，就需要设计样卡，CAD 界面中设计纹板文件所制样卡与织机装造时纹针的布置应该是一致的。

◆ 1400 号机械式提花机（16 列，98 行，3 段）上 1200 针样卡的设计要点如下。

①输入总纹针数（全部孔位）。1400 号提花机龙头 16 列 98 行。新建样卡，输入样卡宽度 16 和高度 98。如图 11-93 所示。

②用穿线孔行按提花机规格将样卡分段。1400 号提花机龙头分三段：31+32+31，样卡中由穿线行分割，在第 1、33、66、98 穿线行的第 3、14 列分别输入辅助针—穿线孔针"3"。

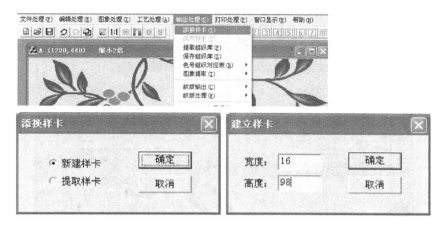

图 11-93 新建样卡

③设置正身纹针。对于简单装造，用"1"表示正身花纹所用纹针；在三段内均匀分布正身纹针"1"，"1"的个数＝正身纹针数＝当前图像用经线数＝图像水平像素。

④输入其他辅助针。边针、选色针位于正身纹针的首、尾端。

如图 11-94 所示。注意：

a. 在各穿线行的前（后）两行、中间两列的 4 个孔位为纹板的定位大孔，不能设置纹针；靠近大孔周围的纹针孔尽量不用。

```
  ■样卡

  6543210987654321

  0030000000000300    1
  0000000000000000    2
  0000000000005555    3
  4444444444444444    4
  1111111111111111    5
  1111111111111111    6
  1111111111111111    7
  1111111111111111    8
  1111111111111111    9
  1111111111111111   10
  1111111111111111   11
  1111111111111111   12
  1111111111111111   13
  1111111111111111   14
  1111111111111111   15
  1111111111111111   16
  1111111111111111   17
  1111111111111111   18
  1111111111111111   19
  1111111111111111   20
  1111111111111111   21
  1111111111111111   22
  1111111111111111   23
  1111111111111111   24
  1111111111111111   25
  1111111111111111   26
  1111111111111111   27
  1111111111111111   28
  1111111111111111   29
  0000000000000000   30
```

```
  ■样卡

  0000000000000000   31
  0000000000000000   32
  0030000000000300   33
  0000000000000000   34
  0000000000000000   35
  0000000000000000   36
  1111111111111111   37
  1111111111111111   38
  1111111111111111   39
  1111111111111111   40
  1111111111111111   41
  1111111111111111   42
  1111111111111111   43
  1111111111111111   44
  1111111111111111   45
  1111111111111111   46
  1111111111111111   47
  1111111111111111   48
  1111111111111111   49
  1111111111111111   50
  1111111111111111   51
  1111111111111111   52
  1111111111111111   53
  1111111111111111   54
  1111111111111111   55
  1111111111111111   56
  1111111111111111   57
  1111111111111111   58
  1111111111111111   59
  1111111111111111   60
  1111111111111111   61
  0000000000000000   62
  0000000000000000   63
  0000000000000000   64
```

```
  ■样卡

  0030000000000300   66
  0000000000000000   67
  0000000000000000   68
  0000000000000000   69
  1111111111111111   70
  1111111111111111   71
  1111111111111111   72
  1111111111111111   73
  1111111111111111   74
  1111111111111111   75
  1111111111111111   76
  1111111111111111   77
  1111111111111111   78
  1111111111111111   79
  1111111111111111   80
  1111111111111111   81
  1111111111111111   82
  1111111111111111   83
  1111111111111111   84
  1111111111111111   85
  1111111111111111   86
  1111111111111111   87
  1111111111111111   88
  1111111111111111   89
  1111111111111111   90
  1111111111111111   91
  1111111111111111   92
  1111111111111111   93
  1111111111111111   94
  0000000000000000   95
  0000000000000000   96
  0000000000000000   97
  0030000000000300   98
```

图 11-94 样卡

b. 各段实用的纹针数基本均匀，尽量对称布局。

c. 样卡中辅助针（如：3—穿线孔针、4—边针、5—选色针）必须与输入的组织库中的组织号相对应（如：3—穿线孔组织、4—边组织、5—选色组织）。

保存样卡，如图 11-95 所示。

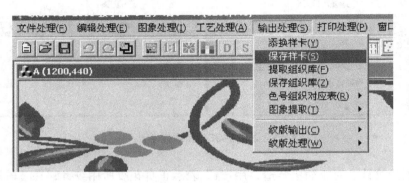

图 11-95　保存样卡

（6）生成纹板文件。点击菜单"输出处理—纹板输出—组织纹板输出"，输入"经造数 1，纬重数 1"，按"确定"，如图 11-96 所示。

输入色号与组织对应关系，按"确定"，如彩图 11-97 所示。

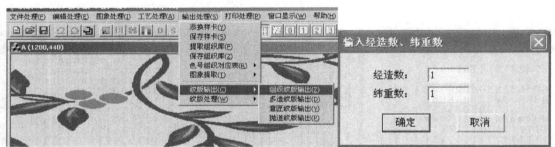

图 11-96　纹板文件

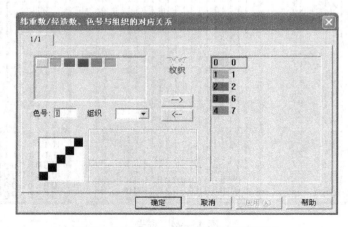

彩图 11-97　输入色号与组织对应关系

输出纹板信息，选"左上角"，按"继续"，如图 11-98 所示。

纹板显示，按"保存"，输入文件名保存纹板文件，如彩图 11-99 所示。

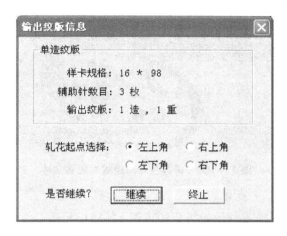

图 11-98　输出纹板信息

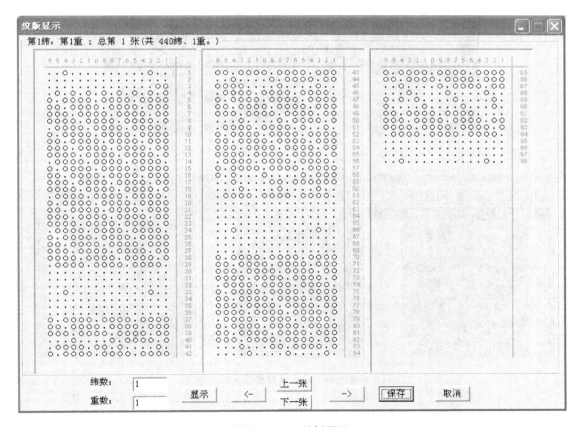

彩图 11-99　纹板显示

（7）保存色号与组织对应表文件，如图 11-100 所示。

图 11-100　保存色号与组织对应表文件

（8）查看意匠文件，检查纹织效果。如彩图 11-101 所示。

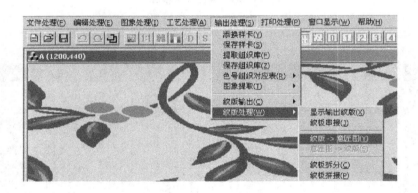

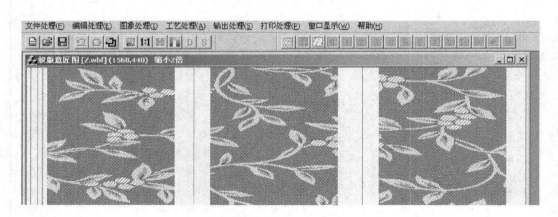

彩图 11-101　查看意匠文件

◆ TK212 机械式双龙头提花机（16 列，81×2 行）样卡的设计要点如下。

①样卡宽度 16，高度 162。

②穿线行：第 1、41、81、82、122、162 行，分四段。

其他步骤和方法类同 1400 号提花机，TK212 机械式双龙头提花机上 1200 针设计样卡如图 11–102 所示。

生成纹板（图 11–103）文件的其他步骤和方法同上。

意匠图显示如图 11–104 所示。

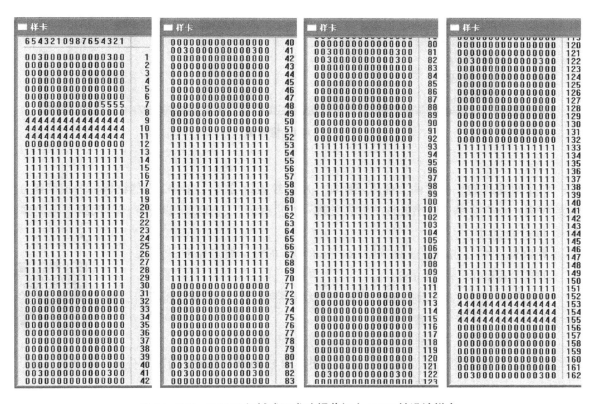

图 11–102 TK212 机械式双龙头提花机上 1200 针设计样卡

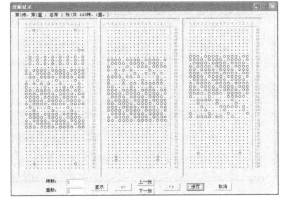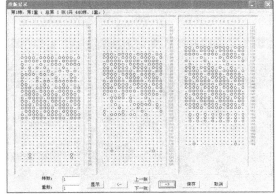

图 11–103 纹板文件

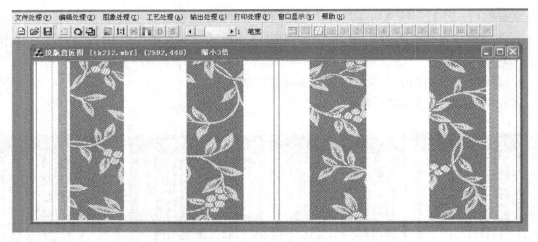

图 11-104　意匠图

对于双龙头的纹板文件，最后还要加一步"纹板拆分"：将 162 行的纹板拆分成两组 81 行的纹板：点击菜单"输出处理—纹板处理—纹板拆分"，分别"浏览"保存两组纹板文件。如图 11-105 所示。

◆ 2688 针电子提花机（16 列，168 行）样卡的设计要点如下。

①样卡宽度 16，高度 168。

②电子提花机不需轧制纹板，因此不用纹板穿线行，不需穿线辅助针，样卡也不用分段，正身纹针连续分布。

③样卡前端设置选色针，正身纹针首、尾端设置边针。

如果在 2688 针电子提花机上织制以上同样的 1200 针的织物，为了充分利用提花机容量，可连晒 2 个循环花纹图案作为一花（图 11-106），这时正身纹针数为 2400 针。

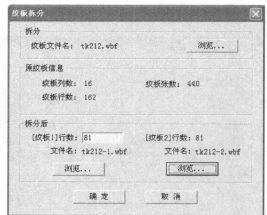

图 11-105　纹板拆分

图 11-106　连晒 2 个循环花纹作为一花

◆ 2688 针电子提花机 2400 针样卡样卡设计步骤如下。

①输入样卡宽度 16，高度 168。如图 11-107 所示。

②按空格键后在弹出的对话框内选择某行第 1 列开始连续输入 2400 个正身纹针"1"，如图 11-108 所示。

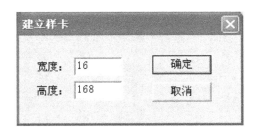

图 11-107　建立样卡

图 11-108　样卡编辑

③在正身纹针首、尾端分别设置三行边针。

④第一行第 1 针开始输入选色针。

样卡局部图如图 11-109 所示。

样卡建好后，可以提取前面保存的组织库文件、色号组织对应表文件，然后"组织纹板输出"生成纹板文件。如图 11-110、图 11-111 所示。

生成纹板意匠图，如图 11-112 所示。

点击"输出处理"，选择提花机型号名称后，可将电子纹板按不同提花机适用的纹板格式输出纹板文件。将纹板文件输入提花机的控制箱（图 11-113）就可用于织制。

■ 样卡

```
654321098 7654321

0000000000005555    1
0000000000000000    2
0000000000000000    3
0000000000000000    4
4444444444444444    5
4444444444444444    6
4444444444444444    7
1111111111111111    8
1111111111111111    9
1111111111111111   10
1111111111111111   11
1111111111111111   12
1111111111111111   13
1111111111111111   14
1111111111111111   15
1111111111111111   16
1111111111111111   17
1111111111111111   18
1111111111111111   19
1111111111111111   20
1111111111111111   21
1111111111111111   22
1111111111111111   23
1111111111111111   24
1111111111111111   25
1111111111111111   26
1111111111111111   27
1111111111111111   28
1111111111111111   29
1111111111111111   30
1111111111111111   31
1111111111111111   32
1111111111111111   33
1111111111111111   34
1111111111111111   35
1111111111111111   36
1111111111111111   37
1111111111111111   38
```

■ 样卡

```
1111111111111111   128
1111111111111111   129
1111111111111111   130
1111111111111111   131
1111111111111111   132
1111111111111111   133
1111111111111111   134
1111111111111111   135
1111111111111111   136
1111111111111111   137
1111111111111111   138
1111111111111111   139
1111111111111111   140
1111111111111111   141
1111111111111111   142
1111111111111111   143
1111111111111111   144
1111111111111111   145
1111111111111111   146
1111111111111111   147
1111111111111111   148
1111111111111111   149
1111111111111111   150
1111111111111111   151
1111111111111111   152
1111111111111111   153
1111111111111111   154
1111111111111111   155
1111111111111111   156
1111111111111111   157
4444444444444444   158
4444444444444444   159
4444444444444444   160
0000000000000000   161
0000000000000000   162
0000000000000000   163
0000000000000000   164
0000000000000000   165
0000000000000000   166
0000000000000000   167
0000000000000000   168
```

图 11-109　样卡局部图

图 11-110　提取组织库

图 13-111 提取色号组织对应表文件

图 11-112 纹板意匠图

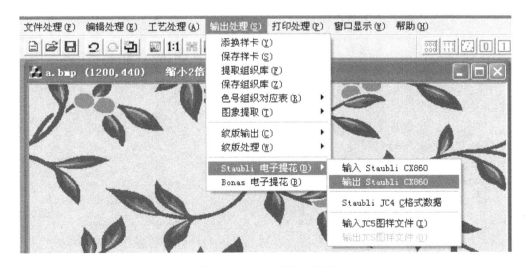

图 11-113 纹板文件输出

[**设计训练**] 纹织物仿样设计

分析来样织物；在完成来样织物花纹回头单元纹样的基础上，应用纹织 CAD 软件，设计仿样织物意匠与纹板文件，分别要求在 1400 号机械式提花织机、TK212 双龙头机械式提花织机和 2688 针电子提花织机上织造。

项目 12　单层纹织物设计

[**项目任务**] 对单层纹织物进行综合设计，包括纹织物主要结构参数分析或设计、纹样设计、纹织工艺设计和纹织 CAD 意匠与纹板文件设计。

[**知识目标**] 掌握单层纹织物的纹样与结构特点，掌握单层纹织物的设计要点。

[**能力目标**] 能够对单层纹织物进行仿样设计和创新设计。

[**设计指导**]

一、设计步骤

（1）纹样设计

（2）织物主要结构参数设计

（3）纹织工艺设计

（4）纹织 CAD 处理生成纹板文件

二、纹样设计特点

1. 纹样显色特点　单层纹织物中，所有组织为单经单纬的简单组织，织物正面经组织点处显经纱色，纬组织点处显纬纱色，反面显色效果相反，即单层纹织物正反面外观互为效应，如彩图 12-1 所示。

2. 纹样布局要求　当不同组织结构相差较大时，经纱织缩差异大，各根经线间织造张力差异太大，会造成织造困难，同时也影响织物外观。所以，纹样力求布局均匀。对正反缎织物，花纹则可较自由分布排列。

3. 经纬纱线配合与纹样的关系　色织单层纹织物的经纬纱线颜色可以相同，也可以不同。

（1）当经纬向采用相同品种与颜色的纱线时，完全依靠组织的织纹不同来表现纹样的层次结构与花型轮廓。

（2）当经纬向采用不同品种或颜色纱线时，通过不同组织显色与织纹外观差异共同表现纹样的层次结构与花型轮廓，组织循环中经纬组织点所占比例不同则组织显色效果就不同，经面组织更多显现经纱效应，纬面组织更多显现纬纱效应，平纹等同面组织则呈经纬均匀混色效应，组织变化越多，纹样可表现的层次变化也可越丰富，如彩图 12-1 所示。

（3）也可结合色织条格与大提花两者设计方法，经纬纱线彩条（格）排列，大提花机织制，形成色条（格）大提花的双重叠加花纹外观，如彩图 12-2 所示。

彩图 12-1　单层纹织物正反面互为效应　　　　　彩图 12-2　色织大提花床品

三、单层纹织物的装造

一般采用普通装造（单造单把吊）。

四、单层纹织物意匠与纹板 CAD 设计要点

纹织 CAD 处理生成纹板文件过程中，采用造数、重数都等于 1 的单造单重组织纹板输出，是最简单的输出方式。

纹样中每一纵格代表一根纹针控制下的一根经纱的运动规律，每一横格代表一根纬纱的运动规律，纵格数＝纹针数＝经密 × 花围宽度，横格数＝纹板数＝纬密 × 花围长度（需要根据花地组织修正）。

样卡上的实用纹针号为 1，空针用 0 表示，其余号数均为辅助针。

[设计示例]单层纹织物仿样设计，在 TK212（16 列 81 行）机械式双龙头提花机上织制。

一、织物结构与纹样特点分析

彩图 12-3 所示布样，织物采用白经黑纬，地部主要体现经纱颜色，采用经面缎纹；花

彩图 12-3　单层纹织物布样图例（局部）　　　　彩图 12-4　单层纹织物纹样图例

部呈现深至浅的花纹层次变化，主要通过不同花部从纬面组织逐步向经面组织的过渡变化，各组织中经、纬组织点比例的逐渐变化而形成的（彩图 12-4）。

二、织物主要结构参数分析

1. 幅宽　内幅 220cm，外幅 221cm。

2. 经纬组合

（1）经组合：166.5dtex（150 旦）涤纶网络丝（白色）；

（2）纬组合：333.3dtex（300 旦）丙纶 BCF 丝（黑色）。

3. 花幅　一花宽度 57cm，一花长度 64cm。

4. 经纬密度　38 根 /cm×17 根 /cm。

5. 织物组织分析　布样中对应部位及组织编号列表 12-1，其中组织编号 3、4、5 为辅助针组织，对应色号指 CAD 处理时描画该组织花样时所用色号。

表 12-1　纹样中对应部位及组织编号

纹样中位置	组织名称	对应色号	组织编号
地部	$\frac{5}{3}$ 经缎	0	0
字母	$\frac{1}{4}$ ↗	1	1
包边	$\frac{1}{4}$ ↗	2	2
无 （辅助针组织）	经组织点	–	3
	$\frac{2}{2}$ 经重平	–	4
	$\frac{2}{2}$ 纬重平	–	5
花（由浅到深）	$\frac{9}{1}$ ↗	3	6
	$\frac{3}{2}$ ↗	4	7
	$\frac{2}{3}$ ↗	5	8
	$\frac{1}{4}$ ↗	6	9
	$\frac{1}{9}$ ↗	7	10
商标轮廓	$\frac{1}{1}$	8	11

三、纹织工艺设计

1. 计算正身纹针数

$$正身纹针数 = 经密 \times 一花宽度 = 38 \times 57 = 2166$$

在 16 列 81 行的双龙头 TK212 机械式提花织机上织制，单造单把吊装造。根据花、地组织循环数，正身纹针数取最小公倍数 20 的倍数 2160 针。

2. 确定纹板数

$$纹板数 = 纬密 \times 一花长度 = 17 \times 64 = 1088$$

根据花、地组织循环数，修正为最小公倍数 20 的倍数 1080 块。

3. 计算内经根数

$$内经根数 = 经密 \times 内幅 = 38 \times 220 = 8360$$

4. 确定每筘穿入数 布身 2 入，布边 4 入。

5. 确定边经根数

$$每边根数 = 边经密度 \times 每边宽度$$
$$= 布身经密 \times （布边每筘穿入数 / 布身每筘穿入数） \times 每边宽度$$
$$= 38 \times （4/2） \times （221–220）/2 = 38$$

因布边 4 入，所以每边根数可取 4 的倍数 40。

6. 计算总经根数

$$总经根数 = 内经根数 + 边经根数 = 8360 + 40 \times 2 = 8440$$

7. 计算筘号

$$筘号（齿/cm） = （经密 / 每筘穿入数） \times （1– 幅缩率）$$

其中的"幅缩率"指幅宽与筘幅之间的缩率，参考同类品种，取 3%。则

$$筘号 = （38/2） \times （1–3\%） \approx 18.5 （齿/cm）$$

8. 计算筘内幅

$$筘内幅 = 内经根数 /（筘号 \times 布身每筘穿入数）$$
$$= 8360/（18.5 \times 2） \approx 225.9 （cm）$$

9. 通丝把设计

$$通丝把数 = 纹针数 = 2160 把$$
$$每把通丝根数 = 花数 = 内经根数 / 一花经纱根数$$
$$= 8360/2160 \approx 3.87 = 3 花循环 + 零花根数$$
$$零花根数 = 8360–2160 \times 3 = 1880$$

2160 个通丝把分成 2 种，1880 个每把 4 根通丝，280 个每把 3 根通丝。

$$总通丝数 = 内经根数 = 8360 （根）$$

10. 目板设计

目板穿内幅 ≈ 筘内幅，取 226cm。机械式提花机目板规格为 32 行/10cm。

$$初定列数 = 内经根数 /（目板穿幅 \times 目板行密） = 8360/（226 \times 3.2） \approx 11.6$$

目板实穿列数应大于初定列数，并为穿入数的倍数、纹针数的约数，最小取 16 列。

$$目板每花实穿行数 = 纹针数 / 实穿列数 = 2160/16 = 135 （行）$$
$$目板每花实有行数 = 目板穿幅 / 花数 \times 目板行密$$
$$= 226 \times （8360/2160） \times 3.2 \approx 187 （行）$$
$$每花余行数 = 187–135 = 52 行$$

这些余行在通丝穿目板时均匀空出。

11. 通丝目板穿法　采用二段二飞穿。

最后是样卡设计，纹针布置。

四、纹织 CAD 处理

以浙大光仪 TOP 纹织 CAD 系统为例说明。

1. 扫描布样　执行菜单命令：文件处理→扫描。因布样花围循环尺寸较大，需分块多次扫描。注意：每次扫描尽量平直，而且要有重叠部分。依次编号保存扫描。

对于幅面较大、分辨率要求不高的图样或布样，也可以用数码相机拍摄完整花样，再将数字信息输入计算机，则可不用拼接。

2. 拼接　执行菜单命令：文件处理→手动拼接→左右拼接（或上下拼接）。

将分块扫描的布样依次通过左右、上下拼接成至少一个完整花围循环。

3. 拉正　找出水平方向花样循环的对应点，执行菜单命令：编辑处理→变换→垂直斜拉，将两点位置修正到同一水平线上；找出垂直方向花样循环的对应点，执行菜单命令：编辑处理→变换→水平斜拉，将两点位置修正到同一垂直线上。

4. 分色　执行菜单命令：工艺处理→分色处理→自动分色，对布样进行分色。

5. 剪切回头　用剪刀工具分别将水平、垂直方向一个花围单元以外的部分剪切掉，形成一个四方连续的花围循环单元。

6. 接回头　执行菜单命令：工艺处理→回头处理→左右预接（或上下预接），检查接缝处花型是否拼接完好；如发现接缝处花型拼接不够完好，则需要退到前面步骤重新做过。

7. 检查调整花样经纬方向　检查花样是否垂直方向为织物的经向，水平方向为织物的纬向。如果经纬方向倒置，则要先将花样通过菜单命令："编辑处理→变换→旋转……"调整为纵向对应经纱方向，横向对应纬纱方向。

8. 描画纹样　运用工具条中不同功能的工具以及编辑处理功能，将布样中不同组织用不同色号描画出。描画的纹样中，一个色号对应布样中的一个组织。

9. 编辑意匠　描画好的一个回头单元，在单造单重意匠图中，纵格对应经线，意匠图水平像素 = 纵格数 = 纹针数；横格对应纬线，意匠图垂直像素 = 横格数 = 纹板数。注意校对花样的经纬向位置，垂直方向为经纱方向，水平方向为纬纱方向。

执行菜单命令：编辑处理→调整图像，水平像素 = 2160，垂直像素 =1080。

保存文件 / 单层纹织物 *.bmp。

10. 建组织库　在"组织输入"工具条内，按照表 12-1 中的组织编号次序依次输入布样中各组织和辅助针组织，保存组织库文件 / 单层纹织物 *.zzk。

11. 建 2160 针样卡　建 16 列 81 行的双龙头提花机上 2160 针样卡，保存样卡文件 / 样卡 /2160.yyk。如果该样卡以前已经建好，则可直接提取样卡。

12. 保存文件　以编辑好的意匠为当前，提取组织库文件和样卡文件，按表 12-1 建立色号与组织对应关系（注意辅助针组织与纹样中色号没有对应关系），然后执行菜单命令：输出处理→纹板输出→组织纹板输出，即可生成纹板文件。先保存纹板文件 / 单层纹织物 *.wbf，再保存色号与组织对应表文件 / 单层纹织物 /*.rel。

13. 纹板拆分　由于是双龙头，每一纬纹板信息由左右并列的两条纹板信息合成。执行菜单命令：输出处理—纹板处理—纹板拆分，将每一纬纹板信息拆分为两条纹板的信息。纹板轧制时，每条纹板分别依次用线连接成纹帘，最后形成两条纹帘并列挂置在织机上，而且左右编号要对应一致。

五、实训结果：

1. 填写《织物规格与纹织工艺单》（表 12-2）

表 12-2　织物规格与纹织工艺单

品名			大提花席梦思床垫织物
织物规格	幅宽（cm）		内幅 220，外幅 221
	经纬组合	经组合	166.5dtex（150 旦）涤纶网络丝（白色）
		纬组合	333.3dtex（300 旦）丙纶 BCF 丝（黑色）
	经纬密度（根 /cm）		38×17
纹织工艺参数	总经根数		8440（内经 8360+ 边经 40×2）
	花幅		一花宽度 57cm，一花长度 64cm
	纹针数		2166
	纹板数		1080
装造工艺	提花机型号		TK212 双龙头机械式提花机
	装造类型		单造单把吊
	目板设计	规格	32 行 /10cm
		目板穿内幅	226cm
		目板穿行列数	目板穿 16 列，每花实有 187 行、实穿 135 行，余行在通丝穿目板时均匀空出
		穿法	二段二飞穿
	穿综	内经	1 根综丝穿 1 根
		边经	1 根综丝穿 2 根
	穿筘	内经	2 入
		边经	4 入
	筘号（齿 /cm）		18.5
	筘幅（cm）		筘内幅 226，筘外幅 227
	筘长（cm）		233

2. 保存电子文档

（1）纹样文件：\ 单层纹织物 \1Z.bmp，\1Z1.bmp，\1.bmp。

（2）组织库文件：\ 单层纹织物 \1.zzk。

（3）色号与组织对应关系表：\ 单层纹织物 \1.rel。

（4）纹板与意匠文件：\ 单层纹织物 \1.wbf、\1a.wbf、\1b.wbf；

（5）2160 针（16×81 双龙头）样卡文件：\ 样卡 \2160.ykk（0 号）。

[**设计实训**] 设计一单层色织大提花床品织物，在 TK212（16 列 81 行）机械式双龙头提花机上织制。

实训结果要求：

1. 填写《织物规格与纹织工艺单》。

2. 保存电子文档。

（1）纹样文件：\ 单层纹织物 *.bmp。

（2）组织库文件：\ 单层纹织物 *.zzk。

（3）色号与组织对应关系表文件：\ 单层纹织物 *.rel。

（4）纹板与意匠文件：\ 单层纹织物 *.wbf。

（5）样卡文件：\ 样卡 *.ykk。

项目 13　重经纹织物设计

[**项目任务**] 对重经纹织物进行综合设计，包括纹织物主要结构参数分析或设计、纹样设计、纹织工艺设计和纹织 CAD 意匠与纹板文件设计。

[**知识目标**] 掌握重经纹织物的纹样与结构特点，掌握设计要点。

[**能力目标**] 能够对重经纹织物进行仿样设计和创新设计。

[**设计指导**]

一、设计步骤

（1）纹样设计。

（2）织物主要结构参数设计。

（3）纹织工艺设计。

（4）纹织 CAD 处理生成纹板文件。

二、重经纹织物纹样设计特点

1. 纹样设色特点　重经纹织物是由地经和纹经与一组纬纱重叠交织而成的复杂纹织物。花部一般以起经花形成，纬纱色可以先不考虑，表面由各色经纱及其混合色分别与纬纱交织形成变化的花部显色，再配合表面组织结构的变化，可以进而形成同色相的明度变化；地部常为纬面组织，主要显现纬纱效应。

2. 经纬向纱线的配合　重经纹织物中，一般地经整幅均匀排列，纹经可以是单色均匀排列，也可以只在起花部分间断排列加入，还可以用不同颜色的经纱按彩条效果来排列，这样织物图案与颜色层次会更加丰富多彩。

三、重经纹织物的装造

重经纹织物有两组或两组以上经纱重叠在织物内，传统装造时常采用前后分区（造）装造，两组经纱排列比为 1：1 时采用双造装造，排列比为 2：1 时，则采用大小造装造。某些地组织较简单且地经不起花纹的重经织物，地经也可用前综来管理，以节省纹针数，此时可用单造织制。

四、重经纹织物意匠与纹板 CAD 设计要点

重经纹织物意匠与纹板的设计要结合装造类型，普通单造时意匠图每一纵格代表一根经纱，双造时意匠图每一纵格代表彼此重叠的前造一根经纱和后造一根经纱，前后造时意匠图每一纵格代表一造（大造）的纹针数。意匠图每一横格都代表一根纬纱。

[**设计示例**]重经纹织物"采芝绫"仿样设计，在 StaubliCX880-2688 针电子提花机上织制。

一、织物结构与纹样特点分析

彩芝绫是由桑蚕丝与粘胶丝交织而成的经二重生织纹织物。粘胶丝作地经，桑蚕丝作纹经。地部表面由粘胶丝构成 4 枚纬面破斜纹；花部表面以粘胶丝经面缎纹为主体，以桑蚕丝经花包边或做花芯及嵌条。

二、织物主要结构参数设计

1. 幅宽　内幅 150cm，外幅 151cm。

2. 经纬组合

（1）经组合。

①甲经（1、2、3、4……）：133.3dtex（120D）有光粘胶丝（黄色）。

②乙经（一、二、三、四……）：22.2/24.4dtex（1/20/22D）桑蚕丝（红色）。

③排列比：甲经：乙经 =1 ： 1。

（2）纬组合。同甲经，133dtex（120D）有光粘胶丝（黄色）。

3. 花幅　全幅花数：6 花，一花宽度 =150/6=25（cm），一花长度 30cm。

4. 经纬密度　104 根 /cm×41.5 根 /cm

5. 织物组织设计　重经纹织物经纱由地经和纹经两个系统构成，分别与一个系统纬纱交织。本例织物花样中的组织有地部组织、显甲经色的花组织和显乙经色的花组织三种。

（1）地部组织如图 13-1 所示，其中表组织为由甲经与纬线交织而成的 4 枚纬面破斜纹；里组织为由乙经与纬线交织而成的 12 枚纬面变则缎纹；乙经接结点与表组织的经组织点有所重合，利于接结点的遮盖。

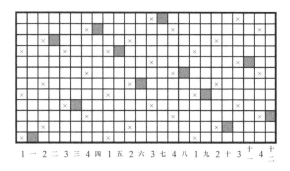

图 13-1　地部组织（0 号）

（2）甲经色花组织如图 13-2 所示，其中表组织为由甲经与纬线交织而成的 12 枚 5 飞经面缎纹；里组织为由乙经与纬线交织而成平纹。

（3）乙经色花组织如图 13-3 所示，其中表组织为由乙经与纬线交织而成的 12 枚 5 飞经面缎纹；里组织为由甲经与纬线交织而成 4 枚纬面破斜纹；甲经接结点与表组织的经组织点重合，利于接结点的遮盖。

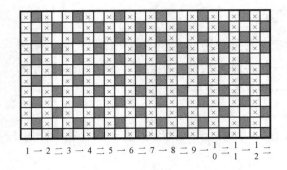

图 13-2 甲经色花组织（1 号）

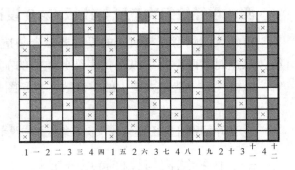

图 13-3　乙经色花组织（2 号）

三、纹织工艺设计

1. 计算正身纹针数，确定装造类型

$$正身纹针数 = 经密 \times 一花宽度 = 104 \times 25 = 2600$$

在 CX880-2688 针提花机上织制，采用普通装造。

因花、地组织经纱循环为 24，正身纹针数修正为 24 的倍数，取 2592 针。

2. 确定纹板数

$$纹板数 = 纬密 \times 一花长度 = 41.5 \times 30 = 1245$$

因花、地组织纬纱循环为 12，纹板数修正为 12 的倍数，取 1248 块。

3. 计算内经根数

$$内经根数 = 一花经线数 \times 花数 = 纹针数 \times 花数 = 2592 \times 6 = 15552$$

4. 确定每筘穿入数　全部 4/D。

5. 确定边经根数

$$每边根数 = 经密 \times 每边宽度 = 104 \times （151-150）/2 = 52（根）$$

6. 计算总经根数

$$总经根数 = 内经根数 + 边经根数 = 15552 + 52 \times 2 = 15656（根）$$

7. 计算筘号

$$筘号（齿/cm） = （经密/每筘穿入数）\times （1- 幅缩率）$$

参考同类品种，幅宽与筘幅之间的幅缩率取 9%，则：

$$筘号 = （104/4）\times （1-9\%）\approx 23.5（齿/cm）$$

8. 计算筘内幅

$$筘内幅 = 内经根数 /（筘号 \times 布身每筘穿入数）$$

$$= 15552/（23.5 \times 4）\approx 165.4（cm）$$

9. 通丝把设计

$$通丝把数 = 纹针数 = 2592 把$$

$$每把通丝根数 = 花数 = 6 根$$

$$总通丝数 = 内经根数 = 15552（根）$$

10. 目板设计

目板穿内幅 ≈筘内幅，取 166cm

穿目板列数一般取机上的纹针列数，由于本织物经密较大，取 16 列目孔行密太大无法排下，故穿目板列数取 32 列。

目板行密 = 筘号 × 每筘穿入数 / 目板列数 =23.5 × 4/32 ≈ 2.94（行 /cm）

11. 通丝目板穿法　电子提花机目板采用横向一顺穿。

最后设计 CX880–2688 针电子提花机 2592 针样卡。

四、纹织 CAD 处理

（1）扫描布样或花稿。

（2）拉正、拼接、分色、剪切回头。

（3）检查调整花样经纬方向，纵向对应经纱方向，横向对应纬纱方向。

（4）描画纹样。将布样中不同组织用不同色号描画出，一个色号对应一个组织，见表 13–1。

表 13–1　各组织及编号

纹样中位置	对应色号	组织编号
地部	0	0
显甲经色花部	1	1
显乙经色花部	2	2
无 （辅助针组织）	选纬针组织	3
	边针组织	4

（5）调整意匠大小，编辑修改。经二重纹织物中，经纱有两个系统，但在织物表面表现花样的只有一个系统的经纱，因此表面花纹一花循环对应的经线数为：表经密度 × 一花宽度 =一花经纱根数 /2=2592/2=1296；纬线数为 1248。

对描画的表面花样，调整水平像素为 1296，垂直像素为 1248。再按需要作进一步的编辑修改，这样能够保证重经纹织物表面花纹的完整美观。

如果准备输入展开的重经组织，则需要用展开的意匠，即将修改好的展开成水平像素 2592，垂直像素 1248，这时对于展开的意匠来说，一纵格对应一经线，一横格对应一纬线。保存文件 / 重经纹织物 /*.bmp。

（6）建组织库，保存组织库文件。因在电子提花机上织制，故不用穿线孔，3 号选纬针组织为 2/2 纬重平，4 号边组织为 4/4 经重平。在"组织输入"工具条内，按照表 13–1 中的组织编号次序依次输入 0-4 号组织，保存组织库文件 / 重经纹织物 /*.zzk。

（7）建 2688 针电子提花机上的 2592 针样卡，保存样卡文件 / 样卡 /2592.yyk。

（8）生成并保存纹板文件；保存色号与组织对应表。以编辑好的意匠为当前，提取组织库文件和样卡文件，按表 13-1 建立色号与组织对应关系，然后执行菜单命令：输出处理→纹板输出→组织纹板输出，即可生成纹板文件，保存纹板文件，保存色号与组织对应表 / 重经纹织物 /*.rel。

（9）电子纹板输出。通过 Staubli 电子提花机数据转换接口，输出直接供 Staubli 电子提花机织制的电子纹板数据。

[**设计实训**] 设计一经二重提花窗帘织物，在 StaubliCX880-2688 针电子提花机上织制。

实训结果要求：

1. 填写《织物规格与纹织工艺单》。

2. 保存电子文档。

（1）纹样文件：\ 重经纹织物 *.bmp。

（2）组织库文件：\ 重经纹织物 *.zzk。

（3）色号与组织对应关系表文件：\ 重经纹织物 *.rel。

（4）纹板与意匠文件：\ 重经纹织物 *.wbf。

（5）样卡文件：\ 样卡 *.ykk。

项目 14 重纬纹织物设计

[**项目任务**] 对重纬纹织物进行综合设计，包括纹织物主要结构参数分析或设计、纹样设计、纹织工艺设计和纹织 CAD 意匠与纹板文件设计。

[**知识目标**] 掌握重纬纹织物的纹样与结构特点，掌握设计要点。

[**能力目标**] 能够对重纬纹织物进行仿样设计和创新设计。

[**设计指导**]

一、设计步骤

（1）纹样设计。

（2）织物主要结构参数设计。

（3）纹织工艺设计。

（4）纹织 CAD 处理生成纹板文件。

二、重纬纹织物纹样设计特点

1. 纹样设色特点　重纬纹织物是由一组经纱与多组纬纱重叠交织而成复杂纹织物，有纬二重、纬三重等，纬重的结构越多，织物表面的色彩与组织层次变化越多。纹样可采用花卉或抽象几何图案，以简洁块面和流畅的线条组成，线条不宜过细，花与地界限清晰。织物通常以主要体现经纱效果的经面组织、分别体现两种不同纬纱效果的纬面组织来表达纹样的不同部位。通常地部为经面组织，主要显现经纱效应；花部一般以纬起花形成，表面由各色纬纱及其混合色分别以纬面组织与经纱交织形成变化的花部显色，再配合表面组织结构的变化，可以进而形成同色相的明度变化。重纬组织设计时，一般要求表里纬能够较好地重叠不"露底"，即表纬长浮长能遮盖里纬短浮长；如果表里纬纱互不重叠，则可得到两种纬纱的混色或闪色相应。

2. 经纬向纱线的配合　重纬纹织物中主要通过纬纱的投梭变化来表现织物表面丰富的色彩与图案层次变化。纬纱的抛梭变化有常抛、换道和抛道三种。常抛指各组纬纱始终按比例轮流投入，通过纬纱的表里交换来实现织物表面的图案和变化。换道是在现有的重纬结构基础上，纬重数不变，通过变化某一组纬纱（颜色）而使得一定区域内纬纱（颜色）组合改变，显现花纹（颜色）产生变化。抛道是在织物局部有纬重数的变化，如纬二重织物的抛道变化就是在纬二重的局部增加一重成纬三重，抛道变化能使纹织物表面形成更加丰富的色彩变化。

雪尼尔纱纬二重提花装饰布采用一组经纱与两组纬纱，经纱常采用涤纶网络丝等，纬线采用雪尼尔纱和棉纱、粘胶纱线或粘胶丝的搭配。雪尼尔纱赋予织物独特的风格和手感，采用表纬浮长较长的重纬组织利于充分展现雪尼尔纱的绒毛感，增强织物的立体感和装饰效果。雪尼尔纱可用于体现花部，也可用于体现地部，常常织物的正面雪尼尔纱体现面积较大。当雪尼尔纱和另一种纬纱细度差异较大时，纬纱排列比可采用 1∶2、1∶4 等。

三、重纬纹织物的装造

重纬纹织物只有一组经纱，一般采用普通装造，也有采用双造、单造多把吊织制。传统单造单把吊装造，必须配以棒刀装置，使织物细致，往采用纹针控制花部，棒刀控制地部。

四、重纬纹织物意匠与纹板 CAD 设计要点

重纬纹织物 CAD 处理时，意匠图中每一纵格根据织机装造类型代表一根或多根经纱。普通装造中，重纬纹织物意匠图每一纵格代表一根纹针的运动，每一横格代表与纬重数相当的纬纱（如果在纹织 CAD 处理时，采用展开的方式，则每一横只代表一根纬纱）。

[**设计示例**] 重纬纹织物仿样设计，在 2688 针电子提花机上织制。

要求：成布内幅 220cm；两边各 48 根；估计缩幅率 3%。

重纬纹织物布样和织物纹样如彩图 14-1 和彩图 14-2 所示。

彩图 14-1　重纬纹织物布样（局部）

彩图 14-2　重纬纹织物纹样

一、分析布样

（1）确定织物正反面，正面花纹清晰、轮廓分明。

（2）确定织物经纬向和经纬组合。

①经向：一组经纱 150 旦涤纶 DTY（灰）。

②纬向：二组纬纱 300 旦丙纶 FDY（黄、红）。

（3）确定织物经纬密度。378 根 /10cm × 177 根 /10cm（96 根 / 英寸 × 45 根 / 英寸）。

（4）测量花围循环尺寸。28.4cm × 61.7cm（11.2 英寸 × 24.3 英寸）。

（5）组织结构分析（图 14-3）。

0 号组织——地纹 $\frac{5}{2}$ 经缎

1 号组织——黄（长）

2 号组织——红（长）

3 号组织——穿线孔 ⎫
4 号组织——边组织 ⎬ 辅助针组织
5 号组织——选色组织 ⎭

6 号组织——叶子 $\frac{5}{2}$ 纬缎

间丝点组织用组织 3。

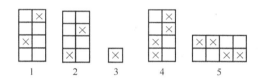

图 14-3　各种组织结构

二、纹织工艺设计

（1）计算纹针数，确定装造类型。

一花经线数 = 经密 × 一花宽度 =378 × 28.4 =1074

根据花、地组织循环数，取 1080。由于在 2688 针电子提花机上织制，为了提高织机品种适应性，可将两花作一花，即装造纹针数 =1080 × 2=2160（针）。

确定装造类型为单造单把吊。

（2）修正花幅。

$$纹针数 / 经密 =2160/96/2=28.6（cm）$$

（3）确定纹板数。

$$纹板数 = 纬密 × 一花长度 = \frac{177}{10} × 61.7=1092$$

根据花、地组织循环数，修正为 1100。

（4）内经根数。

内经根数 = 经密 × 成布内幅 =96/2.54 × 220 ≈ 8314，取 8312（4 入穿尽）

修正内幅：　　　　　　　　　8312/96=86.58 英寸 ≈ 220cm

（5）每筘穿入数：布身 4 入，布边 6 入。

（6）筘号。

$$筘号（英制）= \frac{成布经密}{布身每筘穿入数} × （1- 幅缩率）× 2$$

$$= （96/4） × （1-3\%） × 2$$

$$≈ 46.5（齿 /2 英寸）$$

（7）筘幅设计。

$$筘内幅 =2.54 × 内经根数 / （布身每筘穿入数 × 筘号 /2）$$

$$=2.54 × 8312/ （4 × 46.5/2） =227.0（cm）$$

$$每边穿筘幅 = \frac{边经根数 × 2.54}{边经穿入数 × 筘号 /2} = \frac{48 × 2 × 2.54}{6 × 46.5/2} =1.75（cm）$$

$$总有效穿筘幅 = 筘内幅 + 边穿筘幅 =227.0+1.75 × 2=230.5（cm）$$

（8）设计总筘长比总有效穿筘幅大 3 ~ 5cm，选 235 cm。

（9）通丝把设计。

$$通丝把数 = 纹针数 =2160（把）$$

$$每把通丝根数 = 花数 = 内经根数 / 一花经纱根数$$

$$=8312/2160 ≈ 3.8 =3 花 + 零花$$

$$零花根数：8312-2160 × 3=1832（根）$$

则：1832 把一吊 4，328 把一吊 3。

$$总通丝数 =1832 × 4+328 × 3=8312= 内经根数$$

（10）目板穿幅 ≈ 筘内幅，取 227cm。

（11）目板穿法：顺穿；穿目板列数：16 列。

$$一花穿目板行数 = 纹针数 / 列数 =2160/16=135（行）$$

$$目板设计行密 = 一花穿目板行数 / 一花目板穿幅$$

$$=135/ （227/3.8） =2.26（行 /cm） =22.6 行 /10cm$$

（12）2160 针电子提花机样卡设计（2160-1.ykk）。

三、纹织 CAD 处理

（1）扫描布样（图 14-4）。

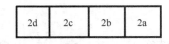

图 14-4　扫描布样排列顺序

（2）拼接。分别左右拼接 2d/2c，2b/2a 成 2dc、2ba，再左右拼接 2dc/2ba 成 2da

（3）自动分色。保存：\ 重纬纹织物 \20.bmp。

（4）水平、垂直拉正。保存：\ 重纬纹织物 \21.bmp。

（5）剪切回头、上下左右预接。保存：\ 重纬纹织物 \2z.bmp。

（6）调整经纬向　因扫描布样经纬向倒置，所以要将图形旋转 90°，使经线于垂直方向。
编辑处理 \ 图像变换 \ 旋转 90° 保存：\ 重纬纹织物 \2z0.bmp。

（7）将不同组织用不同色块画出。保存：\ 重纬纹织物 \2z1.bmp。

（8）调整意匠纵横格数。

$$纵格数 = 水平像素 = 一花经线数$$
$$横格数 = 垂直像素 = 一花纬线数$$

调整水平像素 1080，垂直像素 1100。

保存：\ 重纬纹织物 \2z2.bmp。

（9）修改纬二重意匠。将意匠横格数调整为纹板数 /2=1100/2=550，纵格数 =1080 不变，进一步修改后，再将水平、垂直调整回（1080，1100）。

保存：\ 重纬纹织物 \2z2.bmp。

（10）水平连晒 2 个，得到如图 14-2 所示的纹样，保存：姓名 \ 重纬纹织物 \2z3.bmp。

（11）浮长检测，加间丝点。

弹起上色带，选间丝当前色，点击菜单：工艺处理 – 间丝处理 – 浮长检测，输入浮长：14。

保存：\ 重纬纹织物 \2.bmp。

（12）输入组织，建组织库，保存：\ 重纬纹织物 \2.zzk。

（13）建 2160 针电子纹针样卡，保存：\2160.ykk（1 号）。

（14）建色号与组织对应关系表，保存：\ 重纬纹织物 \2.rel。

（15）纹板输出。输出处理 / 纹板输出 / 组织纹板输出。

保存：\ 重纬纹织物 \ 2.wbf。

[**设计实训**] 设计一在 2688 针电子提花机上织制的纬二重雪尼尔大提花装饰织物。
实训结果要求：

1. 填写《织物规格与纹织工艺单》。

2. 保存电子文档。

（1）纹样文件：\ 重纬纹织物 *.bmp。

（2）组织库文件：\ 重纬纹织物 *.zzk。

（3）色号与组织对应关系表文件：\ 重纬纹织物 *.rel。

（4）纹板与意匠文件：\ 重纬纹织物 *.wbf。

（5）样卡文件：\ 样卡 *.ykk。

项目 15 双层纹织物设计

[**项目任务**] 对双层纹织物进行综合设计，包括纹织物主要结构参数分析或设计、纹样设计、纹织工艺设计和纹织 CAD 意匠与纹板文件设计。

[**知识目标**] 掌握双层纹织物的纹样与结构特点，掌握设计要点。

[**能力目标**] 能够对双层纹织物进行仿样设计和创新设计。

[**设计指导**]

大提花织物中，采用两组经线和两组纬线交织形成双层结构的织物称为双层纹织物。双层纹织物常见组织结构类型有以下几种。

1. 空心袋结构 两组经、两组纬以一定比例关系分别形成织物表里两层。织物上下层分离，形成空心袋结构，可获得高花、凹凸效应。

2. 表里换层结构 通过表里经纬沿花纹轮廓换层，变换表层色彩或原料。表里组织无接结时，也可用表里换层方法实现连接。

3. 自身接结双层结构 通过一定分布的接结点将上下两层连接在一起。

4. 双层附加线双层结构 增加一组经或纬，起填芯作用，使织物增加厚度和弹性，并使花纹凹凸效果增强。

在纹织 CAD 处理时，如果组织图是展开输入，则无论是表里交换双层织物还是填芯双层织物，其处理步骤方法与单层纹织物类似，这里以填芯双层纹织物为例。

一、设计步骤

（1）纹样设计。

（2）织物主要结构参数设计。

（3）纹织工艺设计。

（4）纹织 CAD 处理生成纹板文件。

二、仿绗缝填芯双层纹织物纹样与结构特点

填芯双层纹织物有素色也有彩色，题材以变形花卉、几何图案为主，以简洁明快的线条和块面居多。其主要外观特色是通过双层接结组织和较粗的填芯纬纱配合形成类似绗缝效果

的凹凸花纹。一般花部凸起，地部凹陷，使织物表面形成立体感很强的高花效果。凹陷地部常采用由甲乙经和甲乙丙纬共同组成的平纹、平纹变化组织等紧密结实的组织，或接结点较密集的双层组织，既起了接结作用，又使织物表面呈现横条或其他花纹效应。中层填芯纬，花纹块面较大时可用缎纹组织接结；块面较小时可不必接结。

三、填芯双层纹织物的装造

填芯双层纹织物有两组经纱，在电子提花机上课不用双造，采用普通单造单把吊装造。

四、填芯双层纹织物意匠与纹板 CAD 设计要点

在纹织 CAD 处理时，如果采用展开的方式铺组织，则与单层纹织物的处理类同，意匠图中每一纵格代表一根经纱，每一横格代表一根纬纱。

[**设计示例**] 填芯双层纹织物仿样设计，在 2688 针电子提花机上织制。
要求：成布内幅 154cm，成布外幅 155.6cm，估计缩幅率 8%。
填芯双层纹织物布样和纹样如彩图 15-1 和彩图 15-2 所示。

彩图 15-1 填芯双层纹织物布样　　　　彩图 15-2 填芯双层纹织物纹样

一、分析布样

1. 确定织物正反面　织物正面花型完整、色彩鲜明、轮廓清晰明显、立体感强；正面一般具有较大的密度，且正面优质原料显露得多。

2. 确定织物经纬向与经纬组合

（1）经向：涤纶网络低弹丝涤纶 DTY。

（2）纬向：83.3tex（7 英支）棉纱。

3. 确定织物经纬密度　551 根 /10cm×213 根 /10cm（140 根 / 英寸 ×54 根 / 英寸）。

4. 测量花围循环尺寸　25.7cm×33cm（10.1 英寸 ×13 英寸）。

5. 组织结构分析与设计

0 号组织——地部，变化平纹组织（4，8）。

1 号组织——花部，填芯双层组织（40，40）。

（1）确定排列比。分别测量一定长度内表经和里经的根数。

$$经纱排列比 = 表经根数：里经根数$$

如 4 英寸内，表经 54 根，里经 18 根。

$$表经：里经 =a：b=54：18=3：1$$

$$表纬：里纬：丙纬 =2：1：1$$

（2）分析表里组织。

表组织：$\dfrac{5}{3}$ 经缎，$R_m=5$。

背衬组织：$\dfrac{1}{1}$ 平纹，$R_n=2$。

中层：丙纬填芯。

（3）确定该双层组织经纬线循环数。

$$R_j= \left(\frac{R_m \text{与} a \text{的最小公倍数}}{a} \text{与} \frac{R_n \text{与} b \text{的最小公倍数}}{b} \right) \text{的最小公倍数} \times (a+b)$$

$R_j =$（5 与 3 的最小公倍数 /3）与（2 与 1 的最小公倍数 /1）的最小公倍数 ×（a+b）

　　= 5 与 2 的最小公倍数 ×（3+1）=40

同样，$R_w=40$。

（4）按照表里经排列比、表里芯纬投纬比决定组织图中表里经、表里纬，分别注上序号，在相应表里交织位置填上组织点。

注意：投里纬时表经必须全部提起。所以在表经与里纬交织的方格中必须全部加上特有的经组织点（如图中 ⧄ ）。

$\left\{ \begin{array}{l} 1、2、3、4、5——表经、表纬，5/3 \text{经缎交织成表组织} \\ 一、二——里经、里纬，1/1 \text{平纹交织成里组织} \end{array} \right.$

⊿——丙纬（填芯纬，夹在表里层之间）

2 号组织——包边：变化平纹组织（4，4）

$\left. \begin{array}{l} 3 \text{号组织——穿线孔} \\ 4 \text{号组织——边组织（4，8）} \end{array} \right\}$ 辅助针组织

5 号组织——选色组织（8，4）

组织图如图 15-3 所示。

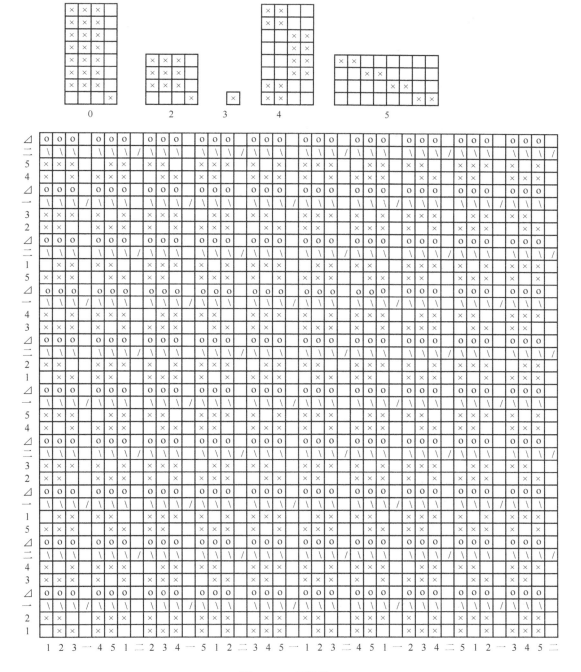

图 15-3 组织图

二、纹织工艺设计

（1）装造类型为单造单把吊。

（2）纹针数。

纹针数 = 经密 × 一花经向 =140×10.1=1414　修正为 1400 针。

（3）纹板数。

纹板数 = 纬密 × 一花纬向 =54×13=702　修正为 680 针。

（4）内经根数。

$$内经根数 = 经密 × 成布内幅 =（140/2.54）×154=8488（根）$$

（5）筘内幅。

$$筘内幅 = 成布内幅 /（1- 幅缩率）=154/（1-8\%）=167.4（cm）$$

（6）每筘穿入数。4 入。

（7）筘号。

筘号 = 内经根数 /（筘内幅 × 每筘穿入数）=8488/（167.4×4）=12.7　修正筘号取 12.5。

（8）修正筘内幅。

$$修正筘内幅 =8488/（12.5×4）=169.8（cm）$$

（9）计算总经根数。设两边各宽 0.8cm，穿入数 4/D。

$$每边根数 = 筘号 × 每筘穿入数 × 边幅 /（1- 幅缩率）$$
$$=12.5×4/（1-8\%）=54　取 56 根$$

$$总经根数 =8488+56×2=8600$$

（10）通丝把数。

$$通丝把数 = 纹针数 =1400（把）$$

（11）每把通丝根数。

$$每把通丝根数 = 花数 = 内经根数 / 一花经纱根数 =8488/1400=6.06$$

$$8488=1400×6+88=88×7+（1400-88）×6=88×7+1312×6$$

即 88 把一吊七，1312 把一吊六。

（12）目板穿幅。取 170cm。

（13）目板穿法。二段飞穿法。

（14）2688 针电子提花机上 1400 针样卡设计。

三、纹织 CAD 处理

（1）扫描布样。3a、3b、3c、3d，位置关系如图 15-4 所示。

（2）拼接。

3a/3b 左右拼为 3ab　}
3c/3d 左右拼为 3cd　} 3ab 与 3cd 上下拼为 3ad

（3）自动分色、接回头，保存：\ 双层纹织物 \ 3Z.bmp。

（4）将不同组织用不同色块画出，保存：\ 双层纹织物 \ 3Z0.bmp。

①用 1 号色画花，保存：\ 双层纹织物 \ 3Z1.bmp。

②保护1，域界填色，保存：\双层纹织物\3Z2.bmp。

③包边。上色条弹起0号色，2为当前色，"工艺处理/边界处理/包络线"（8次）。

（5）调整并修改，保存：\双层纹织物\3.bmp。

（6）建组织库，保存：\双层纹织物\3.zzk。

（7）建样卡，保存：\样卡\1400.ykk。

（8）建色号与组织对应关系表，保存：\双层纹织物\3.rel。

（9）纹板输出。输出处理/纹板/组织纹板输出，保存：\双层纹织物\3.wbf。

（10）纹板拆分。输出处理/纹板处理/纹板拆分，保存：\双层纹织物\3a.wbf，\双层纹织物\3b.wbf。

3a	3b
3c	3d

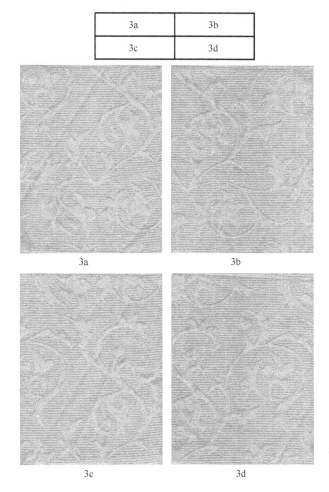

图 15-4 扫描布样

[设计经验]

（1）注意双层纹织物意匠图的像素调整与图像修改。

（2）画组织图时，要注意各组织图起始点一致。

[**设计实训**]设计一仿绗缝填芯双层大提花软家具覆饰织物,在 2688 针电子提花机上织制。

实训结果要求:

1. 填写《织物规格与纹织工艺单》。

2. 保存电子文档。

(1)纹样文件:\ 填芯双层纹织物 *.bmp;

(2)组织库文件:\ 填芯双层纹织物 *.zzk;

(3)色号与组织对应关系表文件:\ 填芯双层纹织物 *.rel;

(4)纹板与意匠文件:\ 填芯双层纹织物 *.wbf;

(5)2688 针电子提花机上样卡文件:\ 样卡 *.ykk。

项目 16　纹织物小样设计与试织

［**项目任务**］设计可在电子提花小样机上织制的大提花织物及其纹板文件，并试织小样。

［**知识目标**］掌握大提花小样织物设计方法；掌握 SJ 半自动电子提花小样机纹板文件读入、转换与信息发送输入的方法；熟悉小样机的结构与工作原理，并掌握其操作使用方法。

［**能力目标**］能够设计在电子提花小样机上织制的大提花织物的纹板文件；能够应用 1408 针半自动电子提花小样机织制大提花织物小样。

［**设计指导**］

一、大提花小样织物设计步骤

电子提花小样织机规格：织机总纹针数 1408 针，全部一吊一简单装造，全幅 1 花，布身约 36cm，两边各 24 根，总经根数 1408。

可供该电子提花小样织机织制小样的提花织物纹板文件主要步骤如下。

（1）纹样设计　包括花纹图案及纹样宽度与长度的设计。

纹样长宽比应该等于小样织物上一个花纹循环单元的长宽比，即：

纹样长度：纹样宽度 = 织物一花长度：织物一花宽度

在已经完成装造的小样织机上，纹针数和织物经密确定了，则织物一花的宽度也就确定了。而纹样长宽比也就是纹样的垂直像素与水平像素之比，则：

纹样垂直像素：纹样水平像素 = 织物一花长度：织物一花宽度

则织物一花长度 =（纹样垂直像素 / 纹样水平像素）× 织物一花宽度

（2）确定织物经纬密。

全幅一花，宽 36cm，一花根数 = 总经根数 – 边经根数 =1408–24 × 2=1360。

织物经密 = 一花根数 / 一花宽度 =1360/36 ≈ 37.8（根 /cm）

根据织物风格、类型及纱线，可参考同类产品，确定织物纬密。

（3）根据织物经纬密度和一花长宽尺寸，确定一花经纬线数。

这里，正身纹针数已经确定，一花经线数 = 正身纹针数 =1360。

一花纬线数 = 纬密 × 一花长度

计算结果需要根据后面组织设计进行修正。

（4）确定经纬组合，包括经纬纱线原料、线密度、结构类型及颜色等。

（5）组织设计，画出纹样中各色号对应的组织图。

（6）纹织 CAD 处理。

①调整图像，水平像素 = 一花经线数，垂直像素 = 一花纬线数，保存图像文件。

②输入纹样中各色号对应的组织，还有辅助针边组织，保存组织库文件。

③建样卡，保存样卡文件。样卡总纹针数 1408 根，输入首端 24 根边针 3，尾端 24 根边针 4，其余为正身纹针 1360 个 1。

④生成组织纹板文件并保存。

⑤保存色号与组织对应表文件。

⑥查看并检查意匠图纹制情况。

二、大提花小样织物试织步骤

纹板文件设计完成后，要将文件信息输入连接提花小样机的电脑，转换成小样机规定格式后发送到小样机，控制织制。文件读取和转换步骤如下。

（1）将纹板文件（WBF 格式）转换为 .ep 格式纹板文件。

①找到纹板文件（WBF 格式），点右键打开。

②打开程序选取 JACD，确定。

③打开后另存为 .ep 格式纹板文件。

（2）打开运行"小样机"的执行文件 .exe。

（3）选取保存的 .ep 格式纹板文件，打开。

（4）选取界面中"左前""发送文件"，如图 16-1 所示。

（5）发送完后即可织造。织机提综由纹板文件信息自动控制，手动投纬。

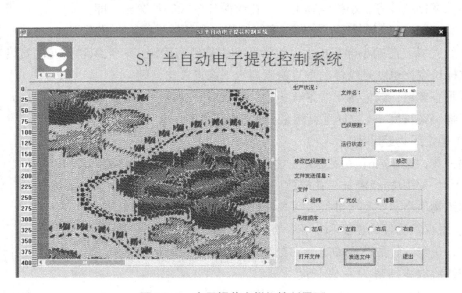

图 16-1　电子提花小样机控制界面

[设计示例 1] 根据 1408 针电子提花小样织机规格型号，设计大提花织物并织制织物小样。

作品名称：蝶恋花——单层纹织物设计

1. 织物特点描述（设计主题、色彩与图案特点、组织结构特点、外观风格特点、用途等）设计灵感来源于春天在花丛中飞舞的蝴蝶，抽象的花朵像藤蔓一样缠绕四周，飞舞的蝴蝶以各种形态相伴。织物结构类型为单层纹织物，分别通过地部经面缎纹、花卉纬面缎纹、蝴蝶山形斜纹来表现纹样效果。织物可用于桌布等。

2. 纹样及一花宽度与长度　纹样如彩图 16-2 所示。

彩图 16-2　纹样

纹样一花长宽比 = 纹样垂直像素 858 : 水平像素 1022

实际织物一花宽度 =36cm

实际织物一花长度 = 纹样长宽比 × 织物一花宽度

$$= （858/1022）× 36 ≈ 30（cm）$$

3. 确定织物经纬密度

布身根数 =1408-24 × 2=1360，宽度 36cm

经密 =1360/36 ≈ 37.8（根 /cm）

参考同类产品，纬密取 20 根 /cm。

4. 一花经纬线数

一花经线数 = 正身纹针数 =1408-24 × 2=1360

一花纬线数 = 纬密 × 织物一花长度 =20 × 30=600

5. 确定经纬色纱配合

（1）经纱：16.7tex（150 旦）涤纶网络丝，白色。

（2）纬纱：18.2tex×2棉，玫红色。

6. 确定组织结构

画出纹样中各色对应的组织图以及左右边组织（图16-3）。

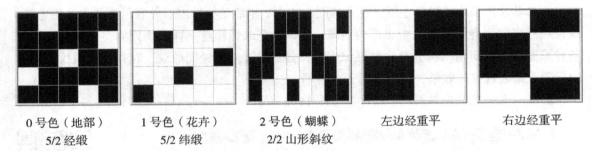

| 0号色（地部） | 1号色（花卉） | 2号色（蝴蝶） | 左边经重平 | 右边经重平 |
| 5/2 经缎 | 5/2 纬缎 | 2/2 山形斜纹 | | |

图16-3 组织图

7. 纹织 CAD 处理

（1）调整图像（1360，600），保存 /D.bmp，如彩图 16-4 所示。

彩图 16-4 调整图像

（2）建组织（图16-5），保存组织库文件 d.bmp。

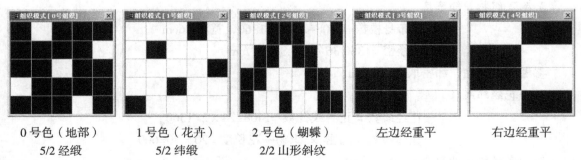

| 0号色（地部） | 1号色（花卉） | 2号色（蝴蝶） | 左边经重平 | 右边经重平 |
| 5/2 经缎 | 5/2 纬缎 | 2/2 山形斜纹 | | |

图16-5 依次输入 0~4 号组织

（3）建样卡，保存样卡文件 (1360+48).YKK，如图 16-6 所示。

输入首端 24 根边针 3，尾端 24 根边针 4，其余为正身纹针 1360 个 1。

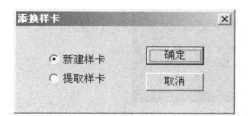

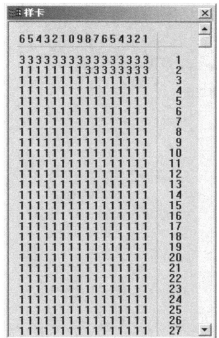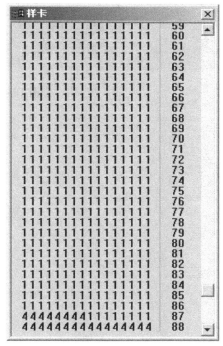

图 16-6　建样卡

（4）生成组织纹板文件，并保存 D.wbf。

（5）查看并检查意匠图纹制情况。对于单层纹织物，将意匠图中的经、纬组织点分别调整为经、纬纱线的颜色，即呈现织物模拟效果，如彩图 16-7 所示。

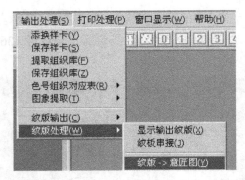

彩图 16-7　意匠图

参考文献

［1］夏尚淳 . 织物组织 CAD 应用手册［M］. 北京：中国纺织出版社，2001.

［2］陈纯，陈进勇 . 纹织 CAD 应用手册［M］. 北京：中国纺织出版社，2001.

［3］杜群 . 家用纺织品织物设计与应用［M］. 北京：中国纺织出版社，2009.

［4］翁越飞 . 提花织物的设计与工艺［M］. 北京： 中国纺织出版社，2003.

［5］沈干 . 彩色经纬 – 条格织物设计［M］. 北京：化学工业出版社，2006.

［6］沈干 . 丝绸产品设计［M］. 北京：中国纺织出版社，1991.

［7］谢光银 . 装饰织物设计与生产［M］. 北京：化学工业出版社 . 2004.

［8］常培荣，迟德玲，刘海琴，等 . 棉毛纹织物设计与工艺［M］. 北京：中国纺织工业
　　出版社，1995.

［9］荆妙蕾 . 纺织品色彩设计［M］. 北京：中国纺织出版社，2004.

［10］陈晴 . 纹织设计［M］. 北京：中国纺织工业出版社，1993.

［11］张森林 . 纹织 CAD 原理及应用［M］. 上海：东华大学出版社，2005.

［12］蔡陛霞 . 织物结构与设计［M］. 3 版 . 北京：中国纺织出版社，2004.

［13］沈兰萍 . 织物组织与纺织品快速设计［M］. 北京：中国纺织出版社，2002.

［14］李志祥 . 电子提花技术与产品开发［M］. 北京：中国纺织出版社，2000.

［15］杜群 . 条格起花色织物的设计［J］. 丝绸，2009（4）：10–12.

［16］杜群 . 绗缝效果大提花织物设计技法［J］. 上海纺织科技，2005（9）：19–22.